创建“六个一流”的实践与思考

黄河水利水电开发总公司　编

黄 河 水 利 出 版 社

· 郑州 ·

图书在版编目（CIP）数据

创建“六个一流”的实践与思考/黄河水利水电开发总公司编. —郑州：黄河水利出版社，2016. 12

ISBN 978 - 7 - 5509 - 1657 - 9

Ⅰ. ①创…　Ⅱ. ①黄…　Ⅲ. ①水利水电工程 - 工程管理 - 文集　Ⅳ. ①TV - 53

中国版本图书馆 CIP 数据核字（2016）第 303074 号

策划编辑：崔潇菡　电话：0371 - 66023343　E-mail：cuixiaohan815@163. com

出 版 社：黄河水利出版社

地址：河南省郑州市顺河路黄委会综合楼 14 层　邮政编码：450003

发行单位：黄河水利出版社

发行部电话：0371 - 66026940、66020550、66028024、66022620（传真）

E-mail：hhslcbs@126. com

承印单位：河南省瑞光印务股份有限公司

开本：787 mm × 1 092 mm　1/16

印张：13. 5

字数：175 千字　印数：1—1 000

版次：2016 年 12 月第 1 版　印次：2016 年 12 月第 1 次印刷

定价：36. 00 元

编写人员名单

主　　编： 张利新

副 主 编： 陈怡勇　张汉青　孙晶辉　曹应超

参编人员： 祁志峰　张建生　提文献　柯明星　刘红宝
张俊涛　薛喜文　娄　涛　李占省　秦　常
马　伟　胡宝玉　李　安　赵宏伟　常献立
李新智　肖　强　肖　明　石月春　廖　波
金树庆　王和平　段文生　高凯阳　李　锐
马勇毅　杨　静　李一丁　巴秋莲　金　雁
程长信　张　冰　刘子琪　张田天

前言

2011 年 9 月，水利部部长陈雷在小浪底工程建设 20 周年暨水利部小浪底水利枢纽管理中心成立大会上，对水利部小浪底水利枢纽管理中心（简称小浪底管理中心）提出了“争创一流的工作业绩、取得一流的综合效益、建设一流的职工队伍、培育一流的企业文化、打造一流的水利水电品牌、形成一流的水利枢纽管理中心”的“六个一流”目标要求。

“六个一流”是水利部党组对小浪底管理中心提出的新要求，同时也是小浪底管理中心改革发展的内在需要。为深入贯彻落实“六个一流”要求，小浪底管理中心制订了具体工作方案，分层次制定了“六个一流”具体标准，组织开展专题教育等系列活动。黄河水利水电开发总公司（简称开发公司）“六个一流”论坛就是贯彻落实的重要措施之一。

“六个一流”论坛由开发公司于 2013 年 7 月创建，按照开发公司业务内容，分为枢纽管理、安全管理、环境整治、人才培养等 20 个主题，每个主题均按照“六个一流”标准要求，从管理现状、存在不足、发展趋势、今后努力方向 4 个方面展开论述，并陆续发布在自媒体办公平台上。

为更好地总结工作，相互借鉴，交流提高，开发公司将创建

"六个一流"论坛文章汇编成册，结集出版《创建"六个一流"的实践与思考》，旨在进一步引导干部职工明确目标要求，加强学习交流，拓宽眼界思路，丰富工作方法，凝聚思想力量，不断把"六个一流"创建工作引向深入，为小浪底管理中心和开发公司改革发展提供更强动力。

编　者

目 录

服务类

生产类

SHENGCHAN LEI

枢纽水工设施运行维护

SHUNIU SHUIGONG SHESHI YUNXING WEIHU

肖　强

在小浪底管理中心和开发公司的正确领导下，在相关部门的大力支持下，水工部以科学发展观为指导，围绕“管好民生工程，谋求多元发展”的战略和争创“六个一流”的目标，精心组织，科学管理，确保小浪底水利枢纽工程和西霞院反调节水库安全稳定运行。

一、枢纽水工设施概况

（一）水工设施构成

小浪底水工设施规模宏大、结构复杂，主要由拦河大坝、泄洪排沙、引水发电、灌溉供水系统及排水、灌浆、交通、通风等附属设施组成；金属结构主要包括 73 扇闸门、26 扇拦污栅和 75 台套起重设备；水工建筑物安全监测测点共计 3 385 个。西霞院水工建筑物主要包括土石坝、泄洪闸、排沙洞、排沙底孔、发电厂房、王庄引水闸、灌溉引水闸等；金属结构主要包括 76 扇闸门、15 扇拦污栅和 51 台（套）起重设备；水工建筑物安全监测测点共计 892 个。

（二）水工设施状态

目前，小浪底主坝变形逐年收敛，坝基渗流逐年减少；进出水口高边坡维持稳定；泄洪设施经历了长时间高水头大流量检验，状态完好；闸门和启闭设备运转灵活；库区滑坡体变形远小于设计警戒值。小浪底水工设施经受住了 270. 10 m 水位的运用考验，运行安全稳定，水利部大坝安全管理中心鉴定为一类坝。西霞院水工设施运行安全稳定，土石坝变形符合正常规律，防渗墙和土工膜防渗效果良好；泄洪设施设备状态稳定；下游左右岸地下水位控制在设计警戒值以下。

二、枢纽水工设施的运行管理现状

（一）水工设施运行管理的工作职责

开发公司水工部负责小浪底和西霞院水工设施的运行管理工作。水工部下设综合室、水工室、金结室、电气室、监测室、泥沙室 6 个科室，共有职工 55 人。综合室负责综合事务协调，安全生产，技术管理，管理制度的制定并监督执行，以及工作信息、生产报表、统计等工作；水工室负责水工建筑物的巡视检查、维护检修、安全监测、安全会商等工作；金结室负责各种闸门和各类启闭机及辅助设备的巡视检查、操作运用、维护检修等工作；电气室负责水工设施设备供电系统的巡视检查、操作运行、检修维护等工作；监测室负责枢纽内外部原型观测、库区水质监测、塌岸滑坡体监测、渗流监测、地震台网监测运行工作及大坝安全会商联系工作；泥沙室负责库区、坝前泥沙监测工作及泥沙淤积运行规律研究等工作。

（二）水工设施运行管理的任务分工

按照精简机构、提高水平、降低成本的原则，小浪底和西霞院水工设施运行管理采用"管养分离"模式。水工部负责水工建筑物的巡视检查、监视监控、运行操作等运行管理工作；水工建筑物的维修和技改工作委托专业检修公司承担；水工建筑物的科研工作委托专业科研院所参与；水工部对检修公司和科研院所的维护和科研工作进行监督管理。

（三）水工设施运行管理的成效

自小浪底水利枢纽和西霞院反调节水库投入运用以来，水工设施运行管理人员认真履行民生工程管理职责，认真开展水工设施的巡视检查、安全监测、维修维护、安全会商，截至2016年6月30日采集监测数据3 180万条，实现泄洪过流安全运用198 481 h，闸门成功启闭9 248次，有效保证了水工设施安全稳定运行。

水工设施的安全稳定运行，使两个枢纽发挥了巨大社会效益、生态效益和经济效益。黄河下游连续16年安全度汛，基本解除了黄河下游凌汛威胁；集中调水调沙运用减缓了下游河道淤积，“二级悬河”形势得到了有效控制；黄河连续16年不断流，并多次跨流域应急调水，缓解了下游地区生产、生活、生态用水紧张局面，下游相关地区的生态环境得到较大改善。

三、枢纽水工设施运行管理中存在的不足和面临的挑战

近期，通过分析研究水工设施的运用情况，在生产运行管理、设施设备状况、职工队伍建设等方面梳理出不少存在的不足，针对安全稳定运行面临巨大的挑战。

（一）存在的不足

（1）巡检存在死角和盲区，没有及时发现西霞院王庄引水渠防护堤局部受损隐情；少数巡检人员业务水平不精，没有完全掌握管辖设施设备的布置和状态，发生了地质勘探中误钻穿20号电缆洞事件。

（2）技术台账还不健全，还没有形成设施设备滚动大修的良性循环；技术档案没有全部实现电子化、数字化，技术资料更新不及时。

（3）装备技术水平逐步落后，不能适应复杂运用条件的变化，小浪底事故闸门不能实现变频控制落门速度；维修维护的质量不能完全保证，部分设施设备维修质量不高，不能完全达到预期的维修效果。

（4）对日渐复杂的水沙条件估计不足，因泥沙淤积对小浪底3号排沙洞事故B门正常开启造成一定影响；对如何塑造良好的泥沙

淤积形态，保持小浪底进水塔前泥沙淤积漏斗，还需要研究合适的对策。

（5）安全监测局限在观测数据采集、整理和汇总层面，深入分析和综合研判不够；个别科研项目质量不高，成果难以转化为生产应用。

（6）部分设施设备存在设计缺陷，使得小浪底进水塔闸门高压冲沙系统不能完全发挥设计功能，发生了小浪底进水塔 2 号门机受极端大风影响脱轨事件。

（7）水工建筑物运行管理人员不足，结构不尽合理，技术力量相对薄弱；辅助运行人员存在引进难、流失多问题。

（二）面临的挑战

（1）小浪底大坝还没有经过 275 m 正常蓄水位的检验。

（2）小浪底大坝坝体不均匀变形还没有稳定，坝顶防浪墙底部发现局部脱空；大坝上下游坝坡沉陷，存在边坡局部滑移的可能；大坝表层黏土岩出现风化破碎，在风浪淘刷下流失，会逐渐影响坝坡稳定；大坝坝基个别渗压计测值超过警戒值，坝体心墙内局部区域孔隙水压力还没有消散，有产生水力劈裂的风险。

（3）对小浪底泄水流道混凝土表面产生的破损、裂缝、渗水、气蚀、钙质析出和锚具槽渗油等缺陷，还需要探索牢固可靠的修补材料和工艺方法；对消力塘底板混凝土出现的磨蚀还没有水下加固补强的经验；泄水渠浆砌石边坡频繁出现淘涮破坏还没有根治；受水工建筑物变形、环境影响及仪器本身老化等因素，监测仪器的完好率下降，一些关键部位的监测仪器失效，补埋困难。

（4）小浪底金属结构设备经过十多年运用，出现磨损、锈蚀、气蚀，集中进入大修期，维护工作量剧增；起重设备控制技术逐渐落后。

（5）西霞院厂房坝段上游河床沙砾石冲刷下切，如果继续发展将影响上游铺盖及导墙护坡的稳定；坝下泥沙淤积严重，影响泄洪效果；土石坝联锁板受风浪淘涮破坏，处理效果有待检验。

（6）西霞院土石坝和混凝土坝结合部位的变形和渗压测值变化较大；排沙洞和排沙底孔底板混凝土冲蚀严重；检修排水系统存在安全风险；液压启闭机活塞杆上的牢固附着物严重影响闸门启闭。

（7）小浪底库区滑坡体变形监测手段逐步落后，应急措施还不完善。

四、水工建筑物运行管理发展趋势

据了解，美国、日本、瑞士等发达国家在水库大坝运行管理方面已经构建起职能清晰、权责明确、人员精干、技术先进、科学规范、运行安全、效益持久的现代化水利工程管理体系，代表着当今世界上枢纽运行管理的先进水平。

（一）先进管理理念

实行以预防和控制为主导、以事故和后果为核心的水库大坝安全风险管理模式，既关注工程安全，又关注公共安全。实施以洪水资源化为目的的汛限水位动态管理，扩大调洪能力。

（二）先进技术应用

广泛应用激光雷达、遥感、GPS、云计算、人工智能等信息技术，建立完善的水雨情实时监测和洪水预警预报系统、大坝安全监测系统、数字大坝系统、泥沙淤积三维可视系统、大坝震害预警与决策系统等，实时掌握工程运行状况，为准确研判、科学决策提供支持。

（三）高新材料应用

新型胶凝材料、新型混凝土、高分子灌浆材料用于混凝土裂缝修补和防渗堵漏；高韧性环氧涂层应用到泄洪建筑物流道表面抗磨防冲；碳纤维布和芳纶纤维布补强加固水下建筑物等。

对比国外水库大坝运行管理的先进水平，我们的差距显而易见。所以，我们要开阔视野，学习先进，提高水平。

五、枢纽水工设施运行管理的主要思路和努力方向

经过研究和讨论，我们在水工设施运行管理方面的工作思路是：以安全稳定运行为基础，以“一流的设施”为目标，以标准化、规范化、信息化、科学化为方向，借鉴国内外水库大坝管理上的新理念、新技术、新方法，从提高巡检质量、掌握水工状态、消除缺陷隐患、加大技改力度、优化水库调度、加强库区管理、做好技术管理、深入科学研究、强化应急能力、提高职工素质十个方面进行努力，全面持续提高水工设施的运行管理水平。

（一）切实提高巡检质量

水工巡检是运行管理中一项至关重要的日常工作，技术性、经验性、规范性很强，除开展日常巡视检查外，还必须加强特大洪水、库水位暴涨暴落、暴雨暴风、强烈地震、非常运用等极端情况下的特别巡视检查。

（1）科学选定巡检路线，合理选取查看内容，切实提高巡检质量，不留死角和盲区，准确掌握工程实时状况和变化规律。

（2）对小浪底大坝、左岸山体、进出水口高边坡、进水塔群、泄水流道、消力塘、泄水渠、地下厂房以及库区滑坡体和西霞院土石坝上游坝坡联锁板、左导墙、发电厂房上游引水渠、王庄引水闸等重点部位进行定期检查，重点监控。

（3）配备手持智能巡检机及时记录现场状态，提高巡检质量和效率，实现水工巡检的规范化、数字化、智能化。

（4）及时、详细、准确、规范填写巡检记录，必要时附上照片、简图、录像等资料，开展巡检结果分析比对，尽早发现异常迹象和征兆，及时采取措施，将不安全因素消除在萌芽状态。

（二）实时掌握水工状态

制订科学的监测计划，确定监控技术指标，按照规定频次、方法对水工建筑物的空间变形、渗流渗压、应力应变等开展安全监测，

取得连续完整、准确真实的监测数据，及时整理分析监测资料，判识趋势性变化，为水工运行分析和安全会商提供数据支撑，评价水工运行状态。

（1）固定人员、固定仪器、固定测次、固定时间进行观测，高水位和异常情况时加密监测。定期安全会商，分析判断和预测水工建筑物运行状态。

（2）定期对监测设施设备进行检查，发现损坏，及时维护、校正、更新，确保监测设施设备处于良好的工作状态。

（3）加强水工建筑物薄弱部位和关键断面失效仪器的补充补埋，准确掌握工程状态，切实为大坝安全运行提供参考依据和决策支持。

（4）紧跟大坝安全监测自动化前沿技术，在大坝变形监测中逐步应用在线卫星全球定位系统（GPS）等高精度自动化先进设备。

（5）做好汛前、汛后库区泥沙淤积测验工作，实时掌握进水塔前泥沙淤积和漏斗冲刷形态，完善泄水建筑物过流含沙量监测内容，为科学合理调整调度运用方式、尽量延长淤积库容使用年限提供技术支撑。

（6）参考大坝安全鉴定过程中采用的安全监测资料分析方法和分析软件工具，实现综合研判，实时掌握水工状态。

（三）及时消除缺陷隐患

随着时间的推移，水工设施性态也在发生变化，应树立动态管理的理念，按照“经常养护、随时维修、养重于修、修重于抢、当修必修、修必修好”的原则，对水工设施进行维修保养，将故障隐患消灭在萌芽状态。

（1）通过日常养护，保证大坝坝顶平整、坝坡整齐、排水畅通、无白蚁危害；泄水建筑物进出口岸坡稳定完整，无淤积和障碍物；泄水流道混凝土平顺完好，无冲蚀、气蚀、裂缝；闸门不漏水，起重机械运转灵活，备用电源安全可靠。

（2）对土石坝裂缝、沉降、渗漏、滑移、风化进行处理，对混凝土空蚀、剥蚀、磨损、裂缝进行修补，闸门及启闭机保养等各项维修维护工作中，严格执行质量标准和工艺流程，切实提高维护质量，恢复和改善设施设备的正常功能。

（3）对水工设施设备登记造册，建立技术台账和电子档案，各类技术资料规范齐全、分类清楚、存放有序，为设施设备建立完善的技术档案，保证科学保养和及时维修。

（四）加大设备技改力度

按照“尊重规律、动态管理、系统分析、源头治理”的思路，开展行业对标，定期分析评估水工设施设备运行的安全可靠性。

（1）遵循“安全可靠、技术先进、维护方便”的原则，经过广泛调研、充分论证，采用新设备、新技术、新工艺对设施设备进行系统的升级改造，实现本质安全。

（2）加强更新改造的过程管理，建立质量安全保证体系，严格执行质量标准和工艺流程，加强竣工验收环节控制，保证技术改造质量。

（3）增设实时监视和在线监测设备，把握主动，探索由计划检修、应急检修向状态检修、预防性检修转变。

（4）运用智能装备，提升信息化水平，通过完善水工视频监控系统和建立小浪底三维地理信息系统，实现数字小浪底。

（五）优化水库调度运用

依照调度运用规程，做好防洪调度和兴利调度，最大限度发挥水库综合效益。

（1）及时掌握雨情、水情，建立库区自动水文报汛系统，实时遥测、传送和处理台风、降雨、水位、流量等水文气象信息。

（2）建立完备的水情测报、洪水预报、水库调度、信息查询、数据整编于一体的水库调度自动化系统。探索小浪底和西霞院两库水、沙、电一体化联合调度。

（3）建立水库调度运用技术档案，完成水文数据、气象资料、调度方案的整理归档。根据实测资料，对库容曲线、设计洪水、泄流曲线进行补充修正。定期对运用过程进行总结，优化调度方案，不断提高调度运用的技术水平。

（4）在确保安全的前提下，重叠使用防洪和兴利库容，对水库汛限水位动态控制，更多地储备水能资源。

（六）加强库区管理

库区管理是水库大坝安全管理的重要部分，要依据法律法规，加强与有关部门的协调，加强库区岸坡巡查、泥沙测验、水质管理、地震监测等工作，掌握水库运行状态。

（1）当库区岸坡发生滑坡时，会产生涌浪，危及大坝安全，或者在库区形成“二道坝”，抬高上游水位，造成生命和财产损失。因此，必须对库岸边坡的裂缝、位移、错位等滑坡前兆进行监控，在综合判断滑坡类型、规模、后果的基础上，实施排除地表水、削坡减重等适当应对措施，避免发生滑坡。同时在库区滑坡体变形监测中采用卫星全球定位系统（GPS）等高精度观测设备，提高自动化水平。

（2）库区泥沙淤积将会造成水库调蓄能力下降，应定期进行泥沙淤积测量和淤积物组成测验，掌握水库泥沙淤积形态和库容变化情况，适时采取疏浚淤积物、异重流排沙等减淤对策，减少水库的泥沙淤积。优化泄水孔洞组合运用方式，努力保持小浪底进水塔前良好的泥沙淤积形态。安装水下扫描雷达实时监控小浪底进水塔前泥沙淤积厚度，必要时开闸排沙。

（3）科学核定库区水域纳污能力，持续开展水质调查，加强控制断面水质监测及入河排污总量监控，掌握整体水质状况。分析水污染发生机制，推动流入水库污染物消减措施，治理水库污染源，改善水库水质。分析对比坝基和排水洞渗漏水的化学成分，判断对混凝土建筑物或天然地基的化学侵蚀情况。

（4）认真做好地震监测信息的存贮、处理、分析。当灾害性地震发生后，根据预案及时将地震参数上报应急救援指挥部门，为科学决策提供基础信息。努力探索临震异常信息的研判工作。

（七）做好技术管理工作

水工设施技术管理是生产运行管理的重要基础工作，技术管理工作需要不断加强技术组织管理机构，充分发挥技术人员的才干和作用。

（1）建立健全技术管理制度，定期修订补充技术规程和标准，完善现场作业指导书，全面推行标准化作业。

（2）收集整理汇总设计图纸和技术资料，校核后进行电子化、信息化加工处理，实现技术档案和竣工图纸数字化，方便随时查阅。组织职工认真学习，透彻理解并熟练掌握管辖设施、设备的主要参数和结构性能。

（3）加强对外交流，收集相关的科技信息，及时科学分析、认真比选，将技术先进、运行稳定、安全可靠的技术装备应用于生产。

（八）深入开展科学研究

当前，在水工设施运行管理中，面对着许多亟待解决的课题：比如泥沙加剧使枢纽运用方式更加复杂，我们要研究汲取先进技术，加快设施设备技术改造，以适应日趋严重的水沙条件；研究完善小浪底水工设施安全预警监控指标等等。这些课题要求我们建立完善的科研工作运行机制，深入开展科学研究，努力探求客观规律，找到应对措施。

（1）坚持走出去、请进来、开眼界、长见识，广泛与科研院所、设计单位、生产厂家和大专院校建立科技交流和合作机制，掌握和了解最新科技知识和前沿发展动态。

（2）紧密结合水工设施运行实际，针对 275 m 水位运用、特殊水沙条件下水库科学运用规律、小浪底大坝表层裂缝处理、小浪底主坝坝体失效监测仪器补埋技术、水工混凝土抗磨蚀技术等课题，明确科研方向和目标，妥善安排，深入研究。

（3）强化科研项目过程管理，对重点项目和关键环节进行检查，全面及时和准确掌握科研项目的执行情况，促进科研项目的顺利实施。增强依托单位的责任意识、合同意识和时效意识，提高科研项目完成质量，使科研成果真正服务于一线生产，解决实际问题。

（4）让职工积极投入到各个专业领域科研项目的研究过程中去，勤于思考，努力实践，着力提高专业技术水平，努力培养一支立足岗位，技术精湛的技术专家团队。

（九）强化安全应急能力

千里之堤，毁于蚁穴，小浪底这样一个有 126 亿 m^3 库容的大型水库，一旦溃坝，滔天洪水将会给黄河下游两岸人民生命财产和经济建设造成毁灭性的灾难。我们不能有丝毫的麻痹和懈怠，必须全面建立水库大坝安全责任制，明确责任，强化落实，努力加强安全应急能力建设，保持工程、人员、设备、生产四个安全。

（1）牢固树立“安全第一”理念，全面落实“一岗双责”要求，提升安全生产标准化水平，健全安全监管长效机制，加强安全意识教育和安全技能培训，构建全员、全过程、全方位的安全管理机制。

（2）应急救援预案是提高突发事件应对能力，降低水库风险的重要措施。按照以人为本、预防为主、分级负责、动态管理的原则，通过演练不断完善应急机制建设，提高预案的预见性、有效性和可操作性，提高应急反应能力。

（3）防汛工作遵循“安全第一、常备不懈、以防为主、全力抢险”的原则，健全防汛机构，落实防汛责任，切实做到组织、预案、队伍、设备和物资五落实，以临战状态随时投入应急抢险，确保枢纽安全度汛。

（4）针对水沙条件日益恶化，积极探索水下探查、水下除险的应对措施，妥善解决水下建筑物的补强加固难题。

（5）定期开展大坝安全鉴定，对水工建筑物的工程质量、运行管理、防洪标准、结构安全、渗流分析、抗震能力、金结安全进行综合评价。

（6）认真实施安全生产标准化建设，扎实开展设施设备挂牌管理，层层落实设施设备安全责任，努力打造“我与设备共安全”的局面。

（十）提高职工综合素质

一流的管理依靠一流的人才，提高管理水平，保障工程安全，必须加强组织机构能力建设。事在人为，业在人创，我们要努力打造一支坚强有力、思想统一、团结协作、技术精湛、作风优良、充满活力的管理队伍。

（1）党员干部要以身作则、做好表率，发扬民主、包容务实、积极进取的精神，切实发挥榜样作用。

（2）加强班组管理，在班组中培养团队意识和“责任心比能力更重要”的观念，培育起“负责、严谨、规范、精细”的工作态度，养成“团结、务实、担当、进取”的工作作风，不断改进班组管理，提高班组整体工作质量和效率。

（3）针对管理队伍中人员结构不尽合理的状况，建立机制顺畅、权限清晰、职责明确的管理制度，因事设岗、以岗定责、以量定员。

（4）充实一线生产技术人员力量。对于技术力量相对不足、技术水平参差不齐的现状，加大技能培训，通过学习培训，使每一位职工懂原理、懂性能、懂结构、懂用途，通过动手演练，使每一位职工会运行操作、会维护保养、会排除故障。做到每一位职工理论基础扎实、专业技能精湛，适应工作岗位需求。

（5）对于多种用工形式并存，在辅助用工方式中，存在人才引进难、流失多的问题，探求理顺关系、留住人才的办法和机制，不断提高用工水平，满足生产需求。

（6）建立科学、客观、公平、透明的考核体系，对道德、能力、勤奋、业绩、廉洁进行综合评估，重视对实际业绩的考评，提高职工的工作积极性和工作效率。

小浪底和西霞院工程水工设施安全运行是一项长期复杂的艰巨任务，任重道远。高效的管理、可靠的设备、优秀的人才是我们追求的目标。水工部将以安全稳定运行为基础，真正树立精品意识，坚持不懈地提高枢纽运行管理水平。

发供电设备运行管理

FAGONGDIAN SHEBEI YUNXING GUANLI

肖　明

一、小浪底工程和西霞院工程发供电设备运行管理基本情况

（一）运行管理的范围

小浪底工程和西霞院工程发供电设备运行管理的主要范围包括：小浪底工程 6 台 300 MW 混流式水轮发电机组、西霞院工程 4 台 35 MW轴流转浆式水轮发电机组、黄河变和西霞院两座 220 kV 变电站设备，以及保障主要发、供电设备安全稳定运行的油、水、气、厂用电、继电保护、自动控制、通信等辅助设备。

（二）运行管理工作内容

小浪底工程和西霞院工程发供电设备的运行管理由水力发电厂运行调度分厂承担。其职责是保证小浪底工程和西霞院工程发供电设备的安全、稳定、经济运行，主要工作内容有：

（1）接受并正确执行上级调度指令，合理安排设备和系统的运行方式，使其处于安全、经济的最佳状态。

（2）按照“以水定电”原则优化厂内发供电设备运行方式，实现发电效益最大化。

（3）按照上级水调指令，合理编制泄洪孔洞组合运用方式，使其综合效益得到充分发挥。

（4）监视、控制发供电设备运行，及时调整全厂有功和无功负

荷，满足电力系统频率和电压要求，保证电能质量。

（5）组织、指挥运行设备异常、故障和事故的处理，保证设备安全稳定运行。

（6）根据设备运行情况，组织实施设备状态转换、定期试验等操作。

（7）巡回检查设备运行情况，及时发现设备隐患和缺陷。

（8）按照工作票和操作票的管理规定，审核、许可检修维护工作，执行各项安全措施，保证作业人员和设备安全。

（9）根据下泄流量指标，优化两库调度，充分利用西霞院工程反调节库容，合理安排发电量计划，增加发电效益。

（10）向电力调度部门申报和协调日发电设备检修计划等。

（11）对设备运行状况数据定期进行统计分析，总结设备运行规律和发展趋势，为设备检修维护提供依据，及时调整设备运行方式，保证设备在最优工况运行。

（三）运行管理的特点

（1）发供电设备24小时不间断运行，出现故障的设备、故障的类型和故障发生的时间存在一定的突发性和不确定性。

（2）运行现场的每一项操作都关系到发供电设备的安全和人身安全，存在一定安全风险。

（3）运行工作涉及枢纽运行管理诸多专业知识，岗位要求运行人员具备较全面的综合素质。

（4）运行管理工作涉及人员管理和设备管理，专业要求系统性强，人员培养周期长，水电协调矛盾突出，影响管理水平的因素多，对管理手段的科学性、高效性要求较高。

二、发供电设备运行管理工作的现状

（一）人员现状

水力发电厂运行调度分厂设6个运行值，目前每运行值人员为8

人，负责小浪底工程和西霞院工程发供电设备的安全稳定运行。另设综合室和安全室2个班组，其中综合室2人，负责运行部内部协调管理，内容包括文件收发、制度修编和工资考勤等。安全室4人，编制年度发供电设备检修计划和年度发电计划，负责与电力公司的联系，上报河南电监办所需安全生产数据、负责发供电设备的评级和可靠性管理，负责生产规程和制度的编制与完善等工作。截至2016年6月底，运行部共57人，平均年龄30岁。

（二）管理模式

在运行管理模式方面，实行“一厂两站”“五值三倒”值班方式。小浪底工程和西霞院工程的发供电设备在小浪底工程中央控制室集中控制，西霞院电站按“无人值班（少人值守）”方式运行。每班小浪底站设5人值守，西霞院站设2人值守。5个值进行日常倒班，另外一值承担集中设备操作、定期巡检、应急处理以及备班职责，每4周轮换一次。

（三）管理机制

运行调度分厂实施运行人员权限管理办法、月考核制度和主值班员动态管理制度。运行人员权限管理办法将运行值班业务划分为9种权限，不同权限对应不同的工作职责和不同的月奖金系数；在月考核制度中，将所有运行业务进行了分值量化，每月对各值的得分进行排名，根据排名采取相应的奖励和扣罚措施；每年对主值班员岗位人员进行一次业务考核，根据考核结果对主值班员岗位进行调整。通过以上管理办法体现多劳多得的原则，建立了良好的竞争和激励机制。

（四）运行队伍建设

运行调度分厂从2011年起结合工作实际开展了“正心、尽心、精心、虚心”的“四心”作风建设活动，从解决职工思想认识、工作态度、工作方式、工作方法入手，通过组织开展“运行工作作风大家谈”等一系列活动，在运行人员中起到了统一思想、凝聚人心、鼓舞士气的作用，营造了积极向上的工作氛围，发挥了文化建设对生产的指导和引领作用。

三、面临的主要问题

新的管理体制，对枢纽运行管理工作提出了更高的目标要求。与国际一流的水电厂相比，小浪底水利枢纽在运行管理的标准化、规范化、设备技术分析评估手段、设备信息化管理水平以及运行管理机制方面还存在差距。结合目前枢纽运行管理的实际状况，主要存在以下几个方面的问题。

（一）设备的问题

设备的健康水平制约着运行管理水平的提高。小浪底水利枢纽经过十多年的运行，设备故障的类型多种多样，设备发生故障的概率也越来越高。同时随着库区泥沙的淤积，泥沙对设备运行状况带来的影响也越来越不可忽视。这都对运行人员的主观能动性、巡检发现故障的敏锐性、对问题的分析判断能力以及处理突发事故的应急反应能力等各种能力提出了更高的要求。

（二）管理方式问题

运行管理手段不够先进，运行管理的标准化、规范化还有待进一步完善。目前枢纽运行管理手段基本遵循常规的人工巡检，现场有些生产管理方法仍沿用传统方式，现场应急通信手段存在不足，视频监视系统不够完善，对设备的运行状态的监视、历史数据的分析、设备发展规律的归纳总结等方面缺乏必要的技术手段，在信息化和现代化建设方面与先进的管理手段还存在差距。

（三）管理队伍问题

运行职工队伍存在不稳定因素和发展空间受限的问题。24 小时值班的工作性质，承担较大的安全责任和风险，要求较高的岗位综合素质，以及较长的成长周期，导致一部分运行职工不愿在运行岗位工作。在运行人员组成上，人员数量和专业配备没有形成良好的梯队，人员业务水平参差不齐。同时由于缺乏与其他部门的岗位交流，又受专业面的限制，运行人员的长远发展机制还没有形成。

四、国内水电行业运行管理发展动态

继小浪底水利枢纽和三峡工程投入运行以来，国内又有一大批高水头、高参数的巨型电站相继建成投产，如澜沧江的小湾、大渡河的瀑布沟、红水河的龙滩、雅砻江的锦屏等水电站。“他山之石可以攻玉”，开阔新视野、学习新经验是增长见识、拓宽思路的有效措施，是进一步提升管理水平的重要方法。通过调查了解、查阅资料、调研走访等形式，目前得到行业普遍认可的管理比较先进的电厂管理模式主要有以下几种。

（一）精益运行管理理念

国内外大型水电企业采用以诊断运行为重点的精益运行管理（巴西伊泰普、加拿大魁北克、法国 EDF、我国三峡等电力企业）。生产技术人员通过状态分析系统对设备的电压、电流、温度、流量、压力、振动、摆度、噪声等运行数据进行综合分析，结合运行管理经验，准确判断设备运行状态，适时调整设备运行工况，及早发现设备故障征兆并及时处理。精益运行的优点在于：提高了设备故障的预控和响应能力，变事后处理为事前预控，实现设备隐患的及时发现与消除，从而提高设备设施的安全运行水平和可靠性。

（二）流域水电站的集中控制

随着流域梯级水电站的开发，水电站的统一管理，整合资源，优化调度、提高效益成为流域集控中心的建设和应用的必然选择，是水电企业安全、高效、经济运行的一种新型管理模式。目前比较典型的有贵州乌江集控中心、云南澜沧江集控中心、湖北清江集控中心、长江三峡集控中心、华能康定成都集控中心。

集控中心对流域各电站统一控制管理，取消了各电站现场值班人员，实现了“无人值班”，降低了现场误操作的概率，提高了安全性。集控中心将流域各水电站的电力、水情信息进行整合，建设数据自动采集、信息精确预测、调度最优决策、监视控制一体的监控信息平台，实时对各电站进行调度。根据电网、电站的运行状况合理安排各电站负荷，提高机组的负荷率；协调各电站之间的机组开停，降低梯级电站的旋转备用容量；尽可能抬升下游电站库水位，降低发电耗水率，达到提高效率、经济运行的目的。

五、枢纽运行管理发展方向设想

2013 年，开发公司确立了“管理科学、设施一流、环境优美、文化先进的现代水利枢纽企业”的长远发展目标，对小浪底工程和西霞院工程的运行管理提出了更高的要求。

总结过去，展望未来，要进一步提升枢纽运行管理水平，需要做好以下几个方面的工作。

（一）夯实安全管理基础，实现人员设备本质安全

坚持安全生产是各项工作重中之重的原则不动摇。在总结近几年的安全生产经验和教训的基础上，继续在安全生产基础管理、人员安全生产意识和设备安全可靠性水平上下功夫，努力实现人员和设备的本质安全。

（1）坚持“一岗双责”制度，层层签订安全目标责任书，落实安全责任。严格执行“两票三制”，安全生产做到“三级控制”，定期开展安全分析会和班组安全日活动，定期组织安全培训教育，定期组织安全检查和组织反事故演习，杜绝习惯性违章行为，不断提高职工安全生产意识，持续提高安全生产水平。

（2）根据不同季节、时段的生产特点，定期系统地开展各层面的隐患排查，及时消除安全隐患，确保枢纽设施、设备安全可靠运行。结合生产实际，定期开展各级典型事例分析，提高安全防范意识和事故处理能力。

（3）针对发供电设备逐渐进入故障高发期，加大设备更新改造

力度，完善设备监测诊断手段，做好运行数据的分析整理，提高设备的安全可靠性水平，实现设备本质安全。

（4）完善安全管理制度，实行严格的安全生产监督和考核，安全生产实现一票否决，促使每位员工完成从“要我安全”到“我要安全”的转变。

（二）对标行业先进电厂，建立一流指标体系

以小浪底管理中心建立的“六个一流”的指标体系为准绳，结合电厂自身实际，对标国内一流水电厂，建立安全运行、设备管理、效益、节能环保等涵盖运行管理全部内容的一流指标体系。

（1）按照“运行可靠、技术先进、效益显著、节能环保”的一流标准，建立涵盖事故、障碍、机组等效可用系数、非计划停运次数、自动装置投运率、继电保护正确动作率、人均劳动生产率、人均管理机组容量、污染物排放、资源回收利用率等安全、生产、效益、节能环保主要技术指标体系。

（2）借助行业管理机构的信息平台，选择管理先进的电厂作为标杆。对标杆企业和指标体系进行连续跟踪、动态调整，确保标杆企业和指标体系的先进性。

（3）定期对照标杆企业的指标体系，分析差距的原因，改进管理方式和手段，努力达到和超越标杆，实现“立标、对标、达标、超标”的良性循环，促进管理水平的持续改善。

（三）丰富设备巡检手段，及时发现设备隐患

建立完善的设备巡检系统，实现设备巡检的信息化和智能化，有效提高巡检质量和效率，为设备的超前控制奠定良好基础。

（1）制定设备巡检工作标准，做到巡检规范化。对巡检内容、巡检周期、巡检路线进行优化，确保巡检不留死角，做到运行设备全覆盖。

（2）按照信息化、标准化的工作要求建立设备巡检系统。巡检人员配备先进的巡检装置，对巡检发现的问题可直接上传图像、音频，方便值长和检修人员进行判断和处置，实现巡检信息的共享和设备缺陷的有效管理。

（3）巡检各值长对设备巡检数据进行录入和统计，为定期开展的运行分析和动态管理提供依据。

（四）完善应急处置机制，提高应急反应能力

按照《开发公司突发事故应急救援预案》的要求，完善应急处置方案，增强应急处置方案的执行能力，定期开展应急演练，提高应急救援队伍的反应能力和应急处置能力，进一步提升应急管理水平。

（1）组织职工学习突发事故应急救援预案和专项应急救援预案，熟悉掌握应急抢险的启动、发布、处置、结束等工作程序。

（2）结合电厂运行季节性特点和设备的更新改造，不断丰富完善应急预案的内容。

（3）定期组织开展水淹厂房、黑启动、火灾、防汛、重要主设备事故、电网事故、人员伤害等应急演练。检验职工应急反应和处置能力，检验预案的实用性、有效性。

（五）加大培训工作力度，提高职工综合素质

加快运行人员的培养，提高运行管理人员的业务能力和实践经验，提高职工的综合素养，为管好民生工程提供人才支撑。

（1）实行培训目标管理。每年与职工签订年度培训目标责任书，为其制订合理的培训计划，明确培训要求和努力方向，通过一定的激励手段提高培训效果和质量。

（2）坚持做好基础的业务培训工作。强化职工“熟记设备编号”“背画系统原理图”等基础技能，培养职工扎实的业务功底。坚持开展每季一次反事故演习，每月一次事故预想、每周一次考问讲解、技术问答。每月组织业务讲座，考试和业务评比，对成绩优异的职工进行奖励。

（3）有计划地组织职工参加行业的技术培训、经验交流和专题调研等活动，达到增长见识、开阔眼界、借鉴经验、结合实际、改进提高的目的。

（六）实现水电科学调度，保障枢纽综合效益的充分发挥

在保障枢纽公益性效益优先的前提下，最大限度延长水库使用寿命，塑造理想的水库淤积形态，实现综合效益最大化。

（1）建立调度信息平台和基础数据库。内容涵盖水情信息、洪水预报、信息查询、闸门状态和开度、机组状态和负荷、入出库和过机含沙量，库区和下游渠道关键部位的视频画面等内容，为水库的调度和决策提供依据。

（2）对外协调沟通水量调度和电力调度主管部门，建立定期会商机制，实现水库调度、水工、维护、运行各有关部门的密切联动，综合考虑水情、沙情、电网和设备运行情况，实现水库调度的科学决策。

（3）随着库区泥沙的不断淤积，开展调水调沙和防洪运用期间发电机组和孔洞组合平衡、排沙洞流量与降低过机含沙量关系，排沙洞开启时机对闸门淤积的影响等专题研究。完善水库调度运用规程，为科学的调度提供理论依据。

（七）加强运行数据分析，实施设备动态管理

根据事物客观发展规律对生产设备实现动态管理，有效降低故障发生概率，提高设备安全稳定水平。掌握设备运行状况，对运行数据进行统计分析，实现设备动态管理。

（1）建立运行分析制度。定期开展周、月主设备运行状况统计分析，统计分析数据包括电气量和非电气量，采用单台设备连续跟踪、同期数据对比、同类设备数据对照等方法对设备进行综合分析处理，并按照分析结果将设备划分为A（运行数据在合格范围内，可继续运行）、B（运行数据因环境和运行方式改变发生变化，但在合理范围内，可继续运行）、C（运行数据发生变化，原因不明，需要加强监视，可继续运行）和D（运行数据发生显著变化，需立即停运检查）四类设备，分析预测 C 类设备将要发生故障的部位、性质和原因，为及时消除设备隐患提供依据，确保枢纽安全稳定运行。

（2）及时完善运行规程。根据运行条件的变化及时调整运行方式，保持设备处于良好的运行状态。如按照水库调度规程及时开启排沙洞降低过机含沙量、根据过滤器的压差及时切换并进行排污、根据季节和含沙量的变化及时调整机组冷却供水水源等工作。

（3）做好数据统计分析。对主设备运行小时数、设备启停次数、开关开断次数、单一设备和同类设备的故障次数进行统计，对设备故障原因和历次检修情况进行分析，与设备设计值或厂家允许值进行对比，为设备的保养、检修和更新改造提供依据，做到设备的超前控制，实现本质安全。

（八）优化运行方式，提高经济效益

西霞院工程机组投产发电以后，为小浪底工程、西霞院工程两库优化调度提供了一定的发挥空间。随着小浪底工程和西霞院工程库区泥沙淤积变化以及电网结构和方式的变化，不断优化运行方式，努力提高经济效益。

（1）坚持电调服从水调原则，加强水调、电调的沟通协调，取得调度部门理解和支持，为两库的经济运行创造良好的外部环境。

（2）联合电网加强机组运行方式的研究，调整小浪底电站的运行方式，减少机组的开停机次数和空载时间，弱化小浪底电厂在省网中的调峰调频地位，尽量多带基荷。

（3）根据水轮机综合特性曲线，尽量保持发电机组在高效率区运行，避开不稳定工况区，开机时优先开启工况较好的机组。

（4）开展节能降耗，优化机组同期方式，尽量减少两站水泵、油泵、风机启停时间和次数，适当调整照明用电负荷，降低综合厂用电率。

（九）建立和完善激励机制，激发职工工作积极性

建立有效的激励约束机制，激励职工立足岗位、做好本职工作。

(1) 完善月度考核管理办法，进一步下放基层组织的裁量权，分厂根据标准对各值长工作进行考核，值长对本值人员进行业绩考核，根据考核结果进行奖金分配。每两年对值长和副值长进行一次业绩考核和民主评议，对运行主值班员和值班员进行一次业务考试考核。根据考核结果进行岗位的重新认定，通过岗位竞争达到促进工作的目的。

(2) 完善运行人员的“进出口”机制。对长期从事运行岗位的人员设最高从业年限，研究制定配套政策，合理安置从运行岗位退下来的职工。对工作需要、有能力的运行人员可进行管理岗位的交流。适当招收专业对口的学生充实运行队伍，形成良好人才梯级队伍，永葆运行队伍的活力与生机。

(3) 向基层一线人员倾斜，为基层职工提供良好的发展空间和机会。为工作表现突出、成绩优异的运行人员提供学习和外出考察机会，使其有机会更新知识，开阔视野，学习和借鉴一流电厂的工作方法和管理理念，更好地促进运行管理工作。

（十）发挥文化的引领作用，营造积极向上的工作氛围

为适应体制改革的新要求，不断丰富和完善“四心”作风建设的形式和内容，真正达到激励、凝聚、导向、规范的作用。

(1) 党员干部要发挥模范带头作用，坚持领导跟班制度，掌握生产一线的工作情况。加强与职工的沟通和交流，做好群众思想认识的统一和引导，增进运行人员的归属感和集体凝聚力。

(2) 继续做好职工的人文关怀。从精神上关心、物质上倾斜。倾听职工声音，分享职工快乐，解决职工困难。做运行人员工作、学习上的导师，生活上的朋友，引导运行人员积极向上，尽职尽责。

(3) 创新沟通交流渠道，建立运行人员电子交流平台，为运行人员提供业务、思想和生活交流的渠道。在平台上建立运行人员文化长廊，内容包括从事过运行人员的感言、业务经验交流、工作点滴、摄影及生活等各方面的心得体会，实现运行人员的共同提高，共同进步。

（4）定期组织适合运行人员工作情况的各种文体活动，丰富职工的业余文化生活，提高职工的工作热情和积极性。“管好民生工程”是一项光荣而神圣的使命。在枢纽运行管理过程中，我们必将面临许多困难和挑战。我们将在小浪底管理中心和开发公司党政领导班子的正确指引下，按照担当、务实、转变的要求，进一步提升枢纽运行管理水平，为实现“六个一流”的目标做出贡献。

以上是对小浪底工程和西霞院工程发供电设备运行管理工作的一些思考和认识，可能存在一些不合理、不恰当的地方，欢迎大家多提宝贵意见和建议，以实现共同提高，共同进步。

枢纽发供电设备检修维护

SHUNIU FAGONGDIAN SHEBEI JIANXIU WEIHU

石月春

一、枢纽发供电设备概况

（一）发供电设备构成

小浪底和西霞院两站总装机容量194万kW，主设备包括：10台水轮发电机组、8台220 kV主变压器、24组220 kV高压断路器、56组高压隔离开关、1套GIS（六氟化硫全封闭组合电器），是河南电网的主要调峰调频电厂。主要控制设备包括：两站计算机监控系统、发电机励磁系统、水轮机调速器系统及继电保护装置等210余套。重要辅助系统包括：厂用电、消防、检修渗漏排水、通风空调、直流、机组技术供水、压缩空气等系统。

（二）发供电设备状态

两站发供电设备运行情况总体良好。当前，发供电设备经过十余年的运行，已进入检修维护高峰期，需要大量的检修维护工作和升级改造来保持和改善设备运行状况。

二、枢纽发供电设备检修维护管理工作现状

（一）检修维护管理的工作职责

检修部负责两站发供电设备的检修维护管理，并按照"一岗多责、一专多能"的原则配置维护人员，不设大修队伍。检修部具体

负责日常检修维护、机组小修以及大修管理，负责两站发供电设备技术管理、升级改造、隐患治理、物资材料等管理工作。检修部下设机械室、一次室、二次室、自动室 4 个专业室和 1 个综合室，共有职工 36 人，另有 42 名辅助检修人员，协助开展检修维护工作。

（二）检修维护管理任务分工

机械室主要负责两站水轮发电机组和技术供水、检修渗漏排水、消防水、压缩空气及油处理等系统机械部分的检修维护。

一次室主要负责两站发电机、变压器、高压电缆、断路器等高压设备的检修维护及预防性试验，全厂仪器仪表校验和油务化验。

二次室主要负责两站发电机、变压器、线路的继电保护装置及火警、直流、通风等系统的检修维护和预防性试验。

自动室主要负责两站计算机监控、水轮机调速器、发电机励磁及辅机等系统自动控制设备的检修维护和预防性试验。

综合室负责日常公文流转、行政管理，负责检修部安全和技术管理，协助各专业室完成维护检修的外委项目管理。

（三）检修维护管理工作开展情况

发供电设备检修维护依据《水电站设备检修导则》和电厂检修规程开展，主要采用定期预防性检修，结合故障检修的方式，按计划进行设备检修维护、消缺和技术改造。年均完成水轮发电机组大修 2 台次，小修 9 台次，检修空压机、水泵等辅机 50 台套，高压断路器、互感器等高压预防性试验 100 余台套，继电保护校验 20 余台套，自动装置检验 30 余台套，消缺 650 余项，工作票 2 800 多张。

三、枢纽发供电设备管理工作存在的不足和面临的挑战

小浪底和西霞院两站自投运以来，发供电设备运行总体平稳。对比国际、国内先进水电企业，对照小浪底管理中心“六个一流”目标和开发公司要求，我们在设备检修维护管理工作方面还存在一定差距。

（一）存在的不足

（1）设备先进性与“六个一流”目标要求不符。现有可视化系统不完善，还存在盲点和死区，未做到主要设备全覆盖。设备升级换代工作滞后，需要加大设备升级改造力度。

（2）设备运行可靠性与行业先进水平差距较大，设备障碍、异常还时有发生，机组非计划停运次数连续两年超过 5 次。

（3）维护人员少、结构不合理，预防性检修和诊断性检修工作不够深入。截至 2013 年 9 月，共完成工作 2 700 项，平均每天 10 项工作，检修维护人员无法从现场工作中脱身，无时间和精力对设备进行深入分析和诊断，造成检修维护工作局面被动。

（4）生产管理系统性、规范性需要提高。生产和管理未实现有机统一，部分人员重生产、轻管理，工作思路不清，工作系统性、前瞻性不够。水轮发电机组筒阀发卡、尾水补气装置异常等故障曾反复出现，重复工作和无谓抢修过多。重视设备改造和隐患治理等“硬任务”，对技术台账、巡检记录、检修维护记录和图纸资料等“软任务”重视不够。

（5）检修管理体制、机制需要进一步创新。根据目前检修维护工作情况和队伍构成，在逐步充实力量的同时，需要借鉴先进的管理思路和方法，从检修模式、管理方法上进行创新，逐步开展诊断检修，提升管理检修维护管理水平。

（6）设备检修维护计划执行不严格。“应修必修、修必修好”的认识不到位，检修工作计划受水情和电网变化影响较大，部分检修计划和检修内容执行不彻底。

（7）设备检修维护工作总结不够。对机组检修缺乏深入系统的分析评估。对发供电设备日常检修工作缺乏纵向分析、横向对比，没有形成规范系统的设备预见性维护检修周期计划。对设备检修维护技术的发展趋势了解不深，新技术、新设备、新材料引进、应用不够。

（8）动态管理理念落实不够。两站主设备分析评估滞后，仅完成了小浪底电站 6 台主变和 1 台高压厂用变压器运行状态评估工作，其他主设备评估工作还需进一步加强。

（9）备品备件的仓储管理相对落后，备件储备未实现定额管理，未建成现代化的备品仓储管理系统。

（二）面临的挑战

（1）水情变化给检修维护工作带来的挑战。近年来小浪底水库来水偏丰，2012 年两站合计发电 97 亿 kW·h，远高于两站 64.43 亿 kW·h 的多年平均发电量，单台机组年利用时间达 7 000 h。运行时间大幅增加，检修维护工作计划安排和检修时间难以保证。

（2）电网发展变化带来的挑战。随着河南省网装机容量从 2000 年的不足 1 800 万 kW 增大到 2012 年的 5 600 万 kW，电网运行日趋复杂，对小浪底电厂调峰调频作用依赖程度日益增加，机组开、停机频繁，2012 年两站机组累计开停机达 3 981 次，对机组主、辅设备和控制设备运行可靠性提出了更高要求。

（3）水沙条件变化带来的影响。近年来机组过机含沙量逐年增大，今年最大过机含沙量达到 35 kg/m^3。高含沙水流对水轮机过流部件的磨蚀气蚀破坏情况需要密切关注，对已出现的水轮机顶盖内泥沙淤积、技术供水减压阀淤塞等现象需要及时采取措施。

（4）发供电设备的运行安全可靠性与“六个一流”目标要求差距较大。经过十多年的运行，发电设备逐步进入维护高峰期，需要大量的检修维护和升级改造工作来保持和改善设备运行状况。快速实现发供电设备装备水平和安全稳定性水平的提升困难较大。

（5）技术力量不足带来的影响。西霞院电站投产发电后，两站实行统一管理，检修维护工作量增加，而技术人员未增加。检修部现有正式职工 36 人，与 43 人的定编相比，人员缺口较大。现有 42 名辅助检修维护人员的技术水平参差不齐，制约日常检修工作的质量和效率。

四、枢纽发供电设备管理的发展趋势

随着科学技术的进步，应用传感信息处理技术、可视化技术和数字化技术集成的在线监测和故障诊断系统逐步推广。发供电设备数字化、信息化和智能化装备水平取得长足发展，智能变电站设备开始广泛应用。在电站管理方面，智能电厂和绿色电厂成为主要发展方向。

（一）先进管理理念

（1）智能电厂理念。采用智能化装备，实现所有设备“自主诊断”。应用信息与通信技术、计算机网络技术，及时将设备状态“上传”到电站计算机监控系统，保证生产人员及时掌握设备状态，使生产人员根据电站水情和电网运行等信息，实施优化运行调度，科学安排设备检修维护计划变成现实。

（2）绿色电厂理念。将生态文明建设融入生产管理全过程，实现效益与环境的协调统一，广泛采用环保材料、低能耗设备、高效节能的变频技术，实现电力生产资源节约、绿色环保。

（3）全寿命周期的设备管理理念。将设备视为有生命的“个体”，实施人性化管理，把设备管理的重点从传统的“后维修”（缺陷或故障维修），转变为关注设备全寿命周期，结合设备属性、设备风险评级和运行时间三个维度进行考量，制定合适的检修维护策略。

（4）预知维护理念。国际上，西班牙 IBERDROLA 水电厂、葡萄牙 EDP 水电厂已经成功研制并已投入使用远程维护预知系统，可实现远程维护、检修控制。

（5）状态检修理念。设备状态检修技术在美国、德国、日本、法国等国家取得了较多经验，已将多种诊断技术运用于电网、电厂锅炉、汽轮机、发电机等设备上。三峡电厂以现代化的 ePMS（生产管理信息系统）为平台，采用机组在线监测数据和离线测试数据相结合的方式分析、诊断水轮发电机组运行状态，以设备可靠性和经济性为中心开展精益性检修，在开展状态检修方面积累了一定的经验。

（二）先进技术发展

（1）数字化技术。数字化的传感器、电液转换器、液压调节等技术的应用，使电站的信息传输方式和控制方式由电缆变成光缆，有效降低了电气干扰，极大地提高了生产的安全水平。

（2）智能化技术和基于 Internet 物联网技术。采用基于物联网技术的智能设备，使水电站设备具有自诊断功能，能够自动完成设备状态判断，及时报警提示进行人工干预。

（3）三维成像及云计算技术。采用三维扫描测量，应用激光跟踪仪配合定向、转站测量，采集水轮机转轮叶片等发供电设备关键部位的原始形态云数据及定位数据，生成发供电设备真实、准确的三维数字模型，为开展水轮机磨蚀修补防护应用研究等系列工作奠定基础。

（三）新技术的应用

（1）在电气方面，电力系统动态仿真，保护、控制、测量、数据通信智能化，在线整定计算逐渐成为主流。

（2）人工智能技术如神经网络、自适应控制技术开始应用于自动控制系统。

（3）在线诊断技术、变频技术、智能化装备和免维护设备在机电设备上得到推广应用。

（4）在机械设备方面，新型机械式密封、新型密封材料、新型修补材料得到广泛应用。

（5）在水轮机抗磨蚀、气蚀方面，易修补的软涂层和抗冲击的硬涂层抗磨材料得到广泛使用。

（6）现代化的设备拆装工器具、专业的检修作业平台和高效的螺栓拆装工具的使用，使机械设备检修维护工作效率和质量大幅提高。

五、枢纽发供电设备管理的主要思路和努力方向

为实现与国内外一流水电企业接轨，从安全管理、生产管控、日常维护、预防性试验、设备更新改造、技术管理、检修管理、科研工作、人员管理和团队建设等方面着手，以科学化、信息化、标准化、规范化为方向，借鉴和消化吸收国内外发供电设备管理上的新理念、新技术，提高"一流电厂"各项运行指标标准。努力创建"智能电厂"和"绿色电厂"，打造升级版"一流电厂"。

（一）不断强化安全管理

安全生产是枢纽管理之基，要时刻把安全生产作为发供电设备维护检修管理的第一要务，抓牢做实。

（1）重视设备状态分析和隐患排查治理，以日常设备维护、消缺为基础，定期召开设备安全分析会，排查安全隐患，提出解决措施，做到每项措施能落实、可检查、能考核。

（2）围绕"人员、设备、环境"安全生产三要素，以控制设备的不安全状态为核心，积极引进在线监测设备，提高突发事件的预判能力。加大设备升级改造力度，提升设备安全水平，实现设备本质安全。

（3）加强人员安全教育。积极开展身边"无三违"活动，营造安全生产氛围。逐级签订安全责任书，落实安全生产责任。利用班前会、周安全活动和项目协调会，不断强化人员安全意识。提高人员安全生产技能，加强生产现场管理，规范人员工作行为，严格三级验收制度，以高质量的检修维护工作保证安全生产。

（4）重视外来人员安全生产管理。建立健全外委施工项目安全教育和技术交底，坚持每天汇总外委施工项目安全情况。通过培训、安全考核和安全风险抵押等措施，保证外来人员作业安全。

（5）推行标准化作业。建立健全各专业检修维护工作的标准化作业指导书，从技术组织措施、检修工艺流程、危险源分析预控等

方面规范标准化作业。定期开展标准化作业评估，根据设备、技术条件变化情况不断改进。

（6）组织广大职工主动参与危险源辨识活动，从人员、设备、环境、管理四个方面深入开展，增强生产人员的安全敏感性，制定有针对性的防控措施，实现风险的超前防控。

（7）完善应急预案体系。建立发供电设备应急处置队伍，定期开展应急演练。结合两站实际情况，制定液压油泄漏等专项应急预案。

（8）关心职工健康，积极开展厂房生产环境综合治理，实现生产环境绿色、环保，地面干净、整洁。完善生产现场噪声、粉尘、电磁辐射、有害气体的防范措施，作业人员劳动保护用品配备齐全。

（二）提升生产过程管控水平

围绕“六个一流”目标要求，科学规范开展设备检修维护，从缺陷管理、更新改造、检修计划、检修维护策略、同业对标和外委队伍管理等方面入手，努力提升生产过程管控水平。

（1）强化动态管理理念，建立设备跟踪管理和缺陷分析制度。将以往关注缺陷处理结果转变为对缺陷的处理、成因、综合预控等情况进行全面关注、系统分析，举一反三，实现设备缺陷的全过程管理。

（2）加大设备升级改造力度，用先进、可靠的设备，提高装备水平和运行可靠性。引进智能化设备，实现生产过程的智能化、可视化，通过设备运行状态的“自诊断”，降低人在生产流程中的参与度。

（3）以设备安全可靠为核心，综合考虑水情、电网和检修维护技术力量等因素确定检修计划，明确检修内容和工期，做到“应修必修、修必修好”，坚决避免以牺牲设备的检修质量和安全性换取设备的高运行小时数。

（4）强化系统思维，坚决避免以牺牲设备健康寿命，换取水能利用率的提高。充分考虑设备的投运时间、运行风险等级和设备技术特点三个维度，对主设备、重要辅助设备和一般设备区别对待，确定不同的检修维护策略，变“事后处理”为“事前控制”，始终保持设备稳定可靠运行，持续降低机组非计划停运次数。根据可靠性指标，在寿命末期到来之前，有计划地开展设备升级改造。

（5）积极开展同业对标工作，从生产管理、安全管理、装备水平和技术指标等方面瞄准行业最高目标，确定指标体系，制定措施全力赶超，不断提高管理水平，争当水电行业排头兵。

（6）深化外委工作管理。与主要设备制造厂家、大型机械加工企业开展战略合作，为设备及时升级改造和检修维护提供专业化的服务保障。与高水平的发供电设备检修和安装单位建立长期合作，为机组大修和辅助检修维护提供坚强保证。起重、火灾报警、通风空调和厂房照明等非核心设备维护维修委托专业队伍承担。

（7）拓宽辅助维护检修队伍和大修队伍选择面，探索与电网检修企业、火电厂检修单位和大型流域水电集团检修公司开展合作，每2～3年公开招标选择一次辅助维护检修单位。以公开招标方式在市场上选择大修队伍。尝试对部分主设备选择专业维护检修队伍。加强辅助维护检修队伍管理，逐步完善辅助维护检修管理机制，在承包合同内建立生产指标考核奖励，激励辅助维护检修队伍不断提升整体队伍技术水平和维护检修工作质量。

（三）扎实做好日常维护工作

发供电设备的日常维护工作以科室为单位组织开展，是电站生产管理的基础，内容涉及设备巡检、消缺和预防性试验等生产任务，还包括生产组织、隐患排查、安全分析、技术监督、业务培训、生产计划、物资材料准备等管理工作。

（1）规范生产组织。详细制订科室周、日工作计划，确定工作负责人、成员及任务，明确标准、验收质量和完成时限。认真组织班前会，布置当天任务和要求，交代工作重点、难点及安全注意事项。规范班后会，及时总结当天工作开展情况。

（2）严格专业巡检。制定切合实际的《巡回检查作业指导书》，配备专业的手持式智能巡检仪，定路线、定时间、定内容，规范巡检工作，实时记录设备状态，及时生成设备专业巡检报告。

（3）全员参与，民主管理。及时组织科室开展周安全活动、设备分析和隐患排查，发动科室全体人员预见性地开展检修维护工作。注重设备缺陷的主动管理和成因分析，举一反三，彻底解决同类问题。

（4）以开展设备状态检修为最终目标，开展设备定期检验和预防性试验，对照历史数据分析设备运行趋势，及时掌握设备状况，指导开展设备的预防性检修。

（5）积极开展内部培训。从基础性的设备参数、性能特点、组成结构等方面入手，围绕“四懂三会”（懂原理、懂性能、懂结构、懂用途，会运行操作、会维护保养、会排除故障），夯实技术人员业务基础。积极开展科室技术比武、QC 小组等活动，保证一线检修维护人员专业基础扎实、业务技能娴熟，满足生产现场需要。

（6）各级领导深入生产一线，掌握实情，带头分析解决生产问题。坚持“以人为本”，关心每位职工的精神状态，注重做好一人一事的思想工作。

（7）按照“抓住核心、以我为主”的原则组织开展日常检修维护工作。规范辅助检修维护合同管理，畅通沟通渠道，倾力帮助辅助维护人员解决生活困难，积极调动辅助组人员工作积极性和主动性。

（四）认真开展预防性试验和检验

预防性试验是发供电设备运行和维护工作的一个重要组成部分，对开展预防性检修有重要的指导作用。

（1）按照《电力设备预防性试验规程》要求，编制和完善符合生产实际的设备试验规程和标准化作业指导书，明确各种电气设备的试验内容、方法和周期。

（2）根据设备运行情况，结合发电机、变压器、断路器、避雷器等设备的试验结果，合理安排设备检修维护。

（3）定期开展厂内绝缘靴、绝缘手套、验电器、绝缘拉杆等安全工器具的预防性试验。

（4）树立“安全可靠、追求卓越”理念，逐步推进高压、油化、仪器仪表和继电保护等标准化实验室的建设，有计划地实施预防性试验仪器、设备的购置和更新。

（5）全面掌握设备状况，定期对机组关键部位螺栓进行探伤，避免螺栓破坏造成机组事故。制定机组机械结构部件监督计划，定期开展主结构焊缝和变形状况检查，确保机组始终处于良好的健康水平。认真开展压力容器、起重等特种设备的预防性试验工作。

（6）深入开展发供电设备状态分析，结合电气设备在线监测与预防性试验数据进行比较，为设备检修提供决策依据。

（五）加大设备更新改造力度

广泛应用智能装备和在线故障诊断设备，持续提升安全生产水平、信息化装备水平和运行可靠性水平，逐步推进智能电厂和绿色电厂建设。

（1）按照“尊重规律、动态管理、系统分析、源头治理”的工作思路，结合设备隐患排查情况，科学制订三年滚动计划。区分轻重缓急，系统地实施更新改造，优先改造运行状况差和严重制约安全生产的设备。重点实施主设备在线监测和重要辅助设备智能化提升项目，提高装备信息化和设备可靠性，实现设备检修维护由“以修为主”向“以管为主”转变。

（2）统筹考虑两站设备更新改造，实现计算机监控、励磁、调速、继电保护等控制系统的技术统一，实现备品备件互换通用。

（3）大力引进智能高压电气设备、控制设备和仪器仪表。积极推动免维护技术、网络技术、数字技术在控制设备和辅助设备上的应用。

(4) 加强设备更新改造全过程管理。充分考虑行业技术发展趋势，选择质量好、可靠性高、便于监测、易于检修的设备，预留设备扩展和升级的空间。注重施工过程控制，严把质量验收关，保证技术改造质量。

(六) 规范机组检修管理

依据《水电站设备检修导则》要求规范开展机组检修。推行辅助设备会诊检修和状态评估，探索辅机状态检修，做到“应修必修、修必修好”，杜绝事故抢修。

(1) 将检修作业指导书、标准工作票、检修过程质量控制记录等文件纳入《水轮发电机组 A 级、B 级检修文件包》和《C 级检修文件包》，细化机组检修管理。

(2) 规范机组修前分析。组织职能部门和生产单位，根据设备缺陷、运行状态、升级改造、非标准项目实施进行修前分析，讨论技术方案，明确检修内容和工艺，保证检修工作的针对性。

(3) 推行检修作业标准化，实现检修内容、作业流程、关键工艺、检查验收、物资备件、工具配备的标准化。强化检修过程控制，对检修质量的关键点进行现场检查和见证，严格执行检修质量签字验收，实行检修质量追溯制。

(4) 严格执行检修三级验收制（个人、班组、部门）。从检修工作组织、内容执行、进度、标准化作业、安全文明生产等方面进行检查和考核。

(5) 认真开展文明生产，对检修作业现场实行 6S 管理（整理、整顿、清扫、清洁、素养、安全），规范检修作业施工组织，切实做到“作业地面不滴一滴油，检修现场不损一块砖”。

(6) 及时开展修后评估。对检修过程和质量进行系统、客观分析，评估管理措施是否有效，效益指标是否实现，检修目标是否达到，为今后检修维护工作提供决策依据。

（七）加强技术管理

技术管理是生产管理的基础性工作之一，对设备管理水平提升和安全稳定运行十分重要。

（1）建立健全技术管理规章制度，及时补充国家和行业规程规范，做到人手一册。结合设备更新改造，定期修订现场检修维护规程。

（2）不断充实技术力量，强化技术管理机构，以强烈的责任心和使命感开展技术管理工作。大力推动技术档案、图纸资料的电子化、信息化和数字化。

（3）加强发电设备可靠性管理，开发和建立一套共享设备台账、巡检报告、缺陷记录、异常障碍等信息的设备管理系统，统计和分析设备可靠性数据，为检修决策提供科学依据，指导生产现场维护、检修及设备升级改造等工作。

（4）及时开展设备检修维护工作总结，摸索设备维护检修规律。以设备可靠运行为基础，逐步建立符合生产工作实际的设备检修周期计划并纳入检修维护规程，结合实际应用情况不断优化完善现场检修维护规程。

（5）建立健全设备定值管理制度，完善继电保护、电气设备、仪器仪表定值。规范设备定值管理，明确管理流程。

（6）规范技术监督管理。采用先进的技术和手段，积极开展金属结构、绝缘、化学、仪表、继电保护、励磁系统技术监督工作，定期形成月度技术监督报告和年度技术监督总结，分析掌握设备运行规律。

（7）积极参与行业技术交流，开阔视野。加强行业联系，及时了解最新技术发展动态，应用新技术、新材料、新工艺、新设备，提升设备安全稳定性水平和技术装备水平。

（八）深入开展科研工作

当前，在设备检修维护过程中还有很多技术问题需要解决：水轮机转轮防护与抗磨涂层修复、浑水发电方面的运行规律总结、发供电主辅设备状态监测等问题都需要开展深入研究。

（1）与设备生产厂家和科研院所展开深入技术交流，重点加强对水轮机磨蚀、汽蚀防范与修复、新型防护涂层材料的使用和防护涂层修复技术的应用研究。

（2）与科研院校和有丰富浑水发电运行经验的水电厂进行交流合作，开展高含沙水流条件下机组运行工况优化等方面的科学研究。

（3）积极与国外专业机构进行合作，联合开发基于设备可靠性的检修决策系统。选取反映设备状况的关键特征值，结合表征机组稳定运行的非电量参数在线监测系统，开展设备可靠性动态分析评估，及时、准确形成专家检修决策。

（九）加强备品备件管理

备品备件及物资材料的管理是生产管理工作的重要组成部分。规范充足的物资供应，是生产工作优质、高效完成的重要保障。

（1）完善物资保障系统，实现备品备件和物资材料定额管理。取消生产班组周转库房，在生产现场设置24小时急件小型仓库，急件仓库的清册目录和数量的配备依据实际消耗进行动态调整与优化。

（2）制定灵活的采购策略。根据物资实际消耗和使用周期，结合检修计划和采购周期，自动生成采购订单。急需物资随时采购。

（3）对重要备件和加工件建立直采机制。与主要设备供应厂商开展战略合作，及时掌握产品更新换代信息，保证备品备件能够及时供应和升级。对通用物资设备，选择质量可靠、性能优异的产品生产厂家，形成推荐目录进行直采。与大型加工企业签订长期合作框架协议，保证零散的、有特殊工艺要求的非标元件及时供应。

（十）不断提升检修维护队伍综合素质

以实现小浪底电站少人值守、西霞院电站无人值班为目标，打造一支综合素质过硬、精干高效、勤学善思、技术精湛的检修维护队伍。

（1）针对目前人员相对不足的现状，挖掘自身潜力，实施班组内部专业轮训，以提高专业技术人员业务能力为突破口，积极应对技术人员不足的挑战。逐步充实检修维护一线技术力量，形成新老搭配、专业比例协调的检修维护队伍。

（2）积极与设备厂家、科研院所开展技术交流合作，提升检修维护人员专业素养，培养善于发现、解决问题，思路超前和视野开阔的专业技术人员。

（3）完善人才培养机制，形成专业技术和管理岗位双轨制。鼓励岗位成才，打造内部专家团队，培养在国内相关技术领域具有一定知名度和影响力的专家。建立一线检修维护人员到运行岗位锻炼的机制，打造一支会维护、能运行、懂管理的检修维护队伍。

（4）制定体现责任、风险与管理相协调的考核制度，建立科学、客观、公正、透明的注重实绩的评价机制，充分调动生产技术人员的工作积极性和主动性。

（5）坚持“带队伍”的工作思路，党员干部率先垂范，以身作则，认真钻研业务，带头解决生产中出现的急、难、险、重的技术问题，培养职工的学习能力、思考能力、执行能力、创新能力、协调能力和带队伍能力。不断提升职工的综合素质，提高业务技能。

（6）理顺辅助用工方式，与高水平的水电安装和检修队伍开展战略合作，引入高水平的检修维护人员，满足生产现场需要。

（十一）注重团队建设

从加强班组建设、打造学习型团队和凝练企业子文化入手开展团队建设，引导全体职工养成“团结、务实、担当、进取”的工作作风，培育“负责、严谨、规范、精细”的工作态度，形成“立足前沿、创新技术、规范作业、精益检修”的行为规范。构建一支团结协作、作风优良、综合素质过硬的检修维护队伍。

（1）加强班组建设，引导全体职工树立“责任心比能力和水平更重要”的工作理念。采取积极措施促进班组长不断提升综合素质。

注重培养班组团队意识，努力打造特别能吃苦、特别能战斗、特别能攻关、特别能奉献的检修维护班组。

（2）建立全员学习、全过程学习、终身学习和团队学习理念，大力开展学习型组织建设。开展读书学习活动，至少每半年读一本专业书，拓宽知识面。积极引导职工在工作中学习，在学习中工作。

（3）围绕“六个一流”的目标，通过练就过硬本领，掌握过硬技能，培养过硬作风，建设过硬队伍，凝练检修维护团队文化，用先进的文化感染人、激励人，逐步实现由制度管理向文化管理的迈进。

持续提升小浪底和西霞院电站发供电设备安全生产水平、信息化装备水平和设备可靠性水平是一项长期复杂的艰巨任务，任重道远。人员精干、设备可靠、管理高效，打造智能电厂和绿色电厂，创建“国际一流电厂”，是我们追求的目标。

安全生产管理

ANQUAN SHENGCHAN GUANLI

秦 常

一、安全生产管理主要对象

开发公司安全生产管理主要对象为企业生产和经营涉及的人员及小浪底水利枢纽和西霞院反调节水库设备设施、在建工程、后勤服务、地质灾害、滑坡体等方面。

二、安全生产管理情况

（一）安全生产方针、安全管理理念和模式

安全生产方针：安全第一、预防为主、综合治理。

安全管理理念：以人为本、安全发展。

安全管理模式：安委会统一领导、安全管理部监管、各部门（单位）全面负责、职工全员参与。

开发公司建立了安全生产管理体系、规章制度体系、责任体系、教育培训体系、事故应急救援体系和隐患排查治理体系，实现对小浪底水利枢纽和西霞院反调节水库及管辖区域的安全生产、防汛、消防、交通安全等的综合组织管理。

开发公司接受小浪底管理中心对安全生产工作的监督检查和指导，接受国家能源局河南监管办公室（以下简称河南能监办）对发电业务安全生产工作的监督检查和指导，接受河南省质量技术监督

局小浪底分局对质量和特种设备安全管理的监督检查和指导，接受小浪底公安局对消防工作业务的指导与监督检查。

（二）安全管理现状

1. 安全生产目标管理

（1）开发公司确定的年度安全生产目标是：实现“零”重大安全责任事故，“零”重大环境污染事故；不发生死亡事故，力争不发生重伤事故，不发生直接经济损失50万元以上一般安全责任事故，不发生较大及以上安全责任事故；确保小浪底和西霞院工程运行安全，确保安全度汛，实现安全年。

（2）根据所属部门（单位）在安全生产中的职能，将年度安全生产目标层层分解，并逐级签订安全生产目标责任书；结合工作绩效进行季度和年度安全目标考核，枢纽运行管理单位独立进行安全生产管理考核。

2. 安全管理组织机构及安全管理网络

（1）开发公司成立了以总经理为主任的安全生产委员会，其他公司领导担任安委会副主任，成员由各部门（单位）负责人组成，下设办公室负责日常安全管理工作。

（2）安全生产管理实行开发公司安委会领导，各部门（单位）全面负责，工作人员具体保证的管理体制。明确了各级部门（单位）及人员的安全生产职责、权限。

（3）开发公司实行安全生产监督制度，设立安全管理部履行安全生产监督管理职责；各部门（单位）设立安全生产管理科室或配备专职（兼职）安全员，行使本部门（单位）安全生产管理职能，形成了较为完善的安全生产管理网络。

（4）开发公司安委会每季度召开一次安全例会，各生产部门每月召开安全专题会议。

（5）严格审查检修、施工、物业等承包单位的安全生产资质，与进入管理范围内进行作业的单位签订协议，明确双方安全生产责任和义务，做好相关方安全管理。

3. 安全管理规章制度

（1）开发公司制定了安全生产目标管理、安全教育培训管理、特种设备管理、安全检查及隐患治理、消防安全管理、防汛度汛安全管理、作业安全管理、职业健康管理、劳动防护用品（具）管理、安全保卫、信息报送及事故管理、安全目标考核等制度。

（2）枢纽生产运行和后勤管理部门制定了本单位安全管理制度，编制了运行、检修、设备试验及相关设备等操作规程和安全规程。

4. 安全教育培训

（1）开发公司主要采取举办安全培训讲座、观看安全专题录像、派人参加水利部、安监总局举办安全培训班等方式开展安全培训。

（2）生产部门严格对新员工进行三级安全教育，坚持班前安全教育活动；按规定举办压力容器、场内机动车辆、电梯等专业培训班，确保特种作业人员持证上岗。

（3）对施工建设、维修维护、物业管理等相关方的作业人员进行上岗前安全教育培训，并按规定要求持证上岗。

（4）每年根据水利部、河南省和河南能监办的要求，积极开展"安全生产月"等安全生产专项活动，同时在不同年度分别开展安全知识竞赛、安全演讲比赛、安全文化讲座等大型活动，各级生产部门也结合生产实际开展安全生产活动。

5. 枢纽设施、设备和作业安全管理

（1）枢纽建筑物建立了完善的安全监测系统，由专业的安全监测队伍负责监测，形成了系统和科学的监测工作机制；建立了大坝安全会商、发电会商和生产调度安全会商机制，大坝安全会商分日常会商和专题会商，会商成果为全面掌握工程的运行工况和及时做出决策提供了科学依据，形成安全监测制度化和常态化管理。

（2）开发公司加大设备更新改造力度，严格落实安全技改、更新改造计划，保障涉及安全生产项目的资金投入，按计划完成设备检修和更新改造，保障设备、设施的安全稳定运行。

（3）枢纽运行部门制定了发电设备运行规程、发电设备检修规程、水工设施观测规程、水工设备运行维护检修规程，生产作业现场按规定做好安全防护措施、严格执行“两票三制”等制度，保障生产运行和作业安全。

6. 安全检查和隐患排查

（1）按照开发公司安全生产检查制度，各部门（单位）进行日常巡查、日常检查和专项检查，在节假日前进行枢纽管理区安全专项大检查，同时密切跟踪整改情况，做到有记录、有要求、有反馈。

（2）对安全隐患实行分级排查、专项排查和全面排查相结合的管理体系，各部门（单位）每月至少进行一次排查，建立隐患排查治理台账，明确排查治理的责任人、措施和期限，每半年对隐患排查治理情况进行评估，定期在数字办公平台上以安全月报形式公布隐患治理情况，以确保隐患治理效果。

7. 应急管理

（1）成立了开发公司应急救援指挥部，总经理任应急救援指挥部总指挥，枢纽管理区生产单位、安保、武警均成立了应急指挥部门并组成了应急救援抢险队伍。建立了开发公司应急救援指挥中心，配备了相关设备。对应急救援物资进行统筹管理，确保应对突发事故的需要。

（2）开发公司编制完成突发事故应急救援预案并发布执行，根据安全生产管理实际，进行开发公司或部门（单位）突发事故应急救援预案或突发事故专项应急救援预案的演习。

8. 防汛管理

（1）建立了开发公司防汛组织机构，开发公司成立了防汛指挥部，总经理任防汛指挥部指挥长，枢纽管理区各生产单位建立二级防汛组织机构，并组建了7支防汛抢险队伍。

（2）汛前召开年度防汛工作会议，安排部署、细化分解枢纽管理区全年防汛工作任务；编制发布小浪底和西霞院工程年度防汛预案，按照预案进行防汛准备、防汛值班、防汛调度、防汛巡查观测、防汛抢险等各项工作，确保小浪底和西霞院工程安全度汛。

9. 事故、报告和处理

（1）坚持安全生产事故零报告，按时向小浪底管理中心和河南能监办报送事故报表和安全信息。

（2）发生安全事故（事件）及时上报小浪底管理中心或安全监督部门，开发公司主要负责人立即到现场组织抢救；按规定进行调查和“四不放过”原则进行责任追究，并将事故（事件）调查处理意见上报小浪底管理中心。

10. 其他重要工作

（1）配合小浪底管理中心开展安全文化建设工作。

（2）积极深入推进水利工程管理单位安全生产标准化工作。

三、当前安全生产形势和存在不足

在新的管理模式下，开发公司安全管理制度体系初步建立，工作机制初步理顺，小浪底和西霞院工程生产运行总体稳定，但安全生产形势不容乐观，主要存在以下几个方面的不足：

（1）安全意识需进一步加强，日常工作中存在着安全标准不高、执行规程规范不够严格的现象，存在部分安全管理制度执行不严和落实不力等问题。如2013年1月25日，黄河设计公司地质勘探院岩土工程部在小浪底地面控制中心广场进行新建值班房地质基础勘察工作时发生了误钻20号电缆洞事件。该施工项目在施工前未签订施工合同和安全管理协议，施工方案未按照项目管理流程审批，施工人员未经过入场前安全教育，现场施工未办理工作票，均违反了外委施工项目管理有关规定，未按照安全规程进行地下勘查，不能正确处理安全与施工进度的关系，暴露出生产管理人员安全意识不强，不按安全管理制度规定程序办事，存在忽视安全和违章指挥的问题。

（2）小浪底水利枢纽部分发电设备和金属结构设备出现不同程度的老化现象，不安全因素逐年增加。如2013年6月9日17时，小浪底地下厂房主变洞内35 kV厂用干式变压器T21在运行过程中着火，造成小浪底电站1号机组停机，T21变压器B、C相绕组局部烧损。随着设备使用年限的增加，特别是机械和电气设备，逐步出现机械磨损和电器老化现象，因此发生设备故障的概率逐年加大。T21变压器绕组局部烧损情况的发生，从设备监测管理的角度说明生产运行和检修人员未完全掌握设备的运行状态，设备的安全管理需进一步精细化。

（3）极端天气时有发生，突发性、危害性较大。如2013年8月11日17时左右，小浪底水利枢纽区域和西霞院反调节水库出现大风、雷雨、冰雹等强对流天气，持续约30 min，造成小浪底水利枢纽进水塔1号门机在抱闸状态下向北移动约3 m，2号门机在抱闸状态下向北移动约30 m，2号门机大车每侧有两轮脱轨，限位器和部分防浪墙受损。从技术和管理的角度分析发生门机移动的事件应为非责任事件，可认定为自然事件。对当时的气象条件不了解，不能准确分析移动的成因，同时门机已运行十多年之久，没有对刹车系统进行检测或应用新的技术更新新型配件，存在技术管理疏漏。

（4）目前小浪底水利枢纽尚未达到正常蓄水位（275 m水位），部分水工建筑物的整体变形尚未稳定，枢纽的总体安全性需要依据监测成果不断分析、论证；虽然小浪底库区滑坡体的稳定安全系数满足规范要求，但仍存在失稳的可能。

（5）基建项目参建方安全管理存在薄弱环节，施工承包商在施工人员培训、起重设备管理、安全防护等方面重视不够。如翠清苑培训中心施工2号塔式起重机倾倒事件，虽未造成人员伤亡，但造成设备损坏和工期延误。此次事件反映了施工单位设备安全管理上未真正做到位，在维修养护过程中未能及时发现塔式起重机大臂存在设备缺陷，并及时进行维修养护；监理以及项目管理部门监督管理不到位，未能监督施工单位做好设备管理工作。

四、先进的现代企业安全管理方式

安全生产管理至今已经历了自然本能反应（自发管理）、依赖严格的监督（国家强制）、独立自主管理（企业自主管理）和互助团队管理（团队文化建设）四个阶段。目前发达国家基本进入第四阶段，即在生产经营活动中，员工自觉遵守而且帮助别人遵守各项安全生产规章制度和标准，观察自己岗位且留心他人岗位的不安全行为和条件，将自己的安全知识和经验分享给其他同事，关心其他员工的异常情绪变化，提醒安全操作，并将安全生产作为集体荣誉。目前开发公司的安全管理还处于国家强制和企业自主管理两个阶段之间。

企业现代安全管理模式是由安全目标、方针、原则、方法、措施等组成的综合安全管理体系。能够抓住企业事故预防工作的关键性矛盾和问题，强调决策者与管理者在职业安全卫生工作中的关键作用，提倡系统化、标准化、规范的管理思想。强调全面、全员、全过程的安全管理，应用闭环、动态、反馈等系统论方法，推行目标管理、全面安全管理的对策，不但强调控制人行为的软环境，同时努力改善生产作业条件等硬环境。国内外大型企业目前主要采用下列模式：以“人为中心”的企业安全管理模式、以“管理为中心”的企业安全管理模式、企业综合性安全管理模式、健康安全环境管理模式（HSE 管理模式）以及“NOSA”五星风险管理系统等。

企业综合性安全管理模式的主要内容为：一流目标：即事故数为零；二根支柱：即以班组（单位）自主安全管理，安全生产质量一体化管理为支柱；三个基础：即以安全标准化作业、班组长为中心的班组建设、设备点检定修为基础；四全管理：即全员、全面、全过程、全方位的管理；五项对策：即综合安全管理、安全检查、危险源评价与检测、安全信息网络、现代化管理方法。

把企业的生产安全、交通安全、消防、治安、环保等，进行综合管理，对于提高企业的综合管理效率和降低管理成本有着重要的作用。为此，21 世纪企业建立“综合安全管理模式和机制”是大势所趋。

另外“NOSA”五星风险管理系统，是国际上安全质量标准化管理的先进代表之一。“NOSA”是“南非职业安全协会”的英文缩写，特指企业安全、健康、环保管理系统。其核心理念是：所有意外事故均可避免，所有危险均可控制，每项工作都要考虑安全、健康和环保问题，通过评估查找隐患，制定防范措施及预案，落实整改直至消除，实现闭环管理和持续改善，把风险切实、有效、可行地降低至可接受的程度。评审按照一星至五星分级。目前，“NOSA”的安全、健康和环保理念已逐渐被越来越多的人们所接受，“NOSA”安全五星管理系统已被证实为一个实用性极强的管理系统。国内电力和煤炭行业部分企业应用了“NOSA”安全五星管理系统。广州抽水蓄能电厂首先取得了三星级证书，经过 5 年提升改进又取得了四星级证书，神华公司的部分电厂（如孟津华阳电厂）也推广实施了“NOSA”安全五星管理体系。

五、开发公司安全管理工作思路

（一）安全管理工作总思路

始终坚持“安全第一、预防为主、综合治理”的方针和“以人为本、安全发展”的理念，层层落实安全生产责任制，针对面临的安全形势和存在问题，以“六个一流”要求的标准，完善综合性安全管理模式，采用抓重点促全面的方式开展工作，确保水利枢纽安全运行，确保开发公司安全生产，确保实现安全目标，为开发公司安全、科学发展提供安全保障。

（二）强化安全管理主要举措

针对当前的安全生产形势和存在的问题，结合开发公司安全管理工作实践，在正常开展各项安全管理工作的基础上，需重点加强和关注以下九方面。

1. 完善安全生产管理机制

安全管理机制包含安全管理制度的建立、管理机构及人员配置和应急救援体系建立，实现全员、全面、全过程、全方位安全管理。

（1）修订完善公司安全管理制度和生产部门安全管理制度，使之符合开发公司实际并满足水利系统水管单位安全标准化建设的要求和有关法规的要求。

（2）完善安全生产管理体系，公司和各生产部门需设置安全管理机构，配齐专兼职安全管理员，形成层层落实、一级抓一级的安全管理工作格局。

（3）及时修订完善应急预案，关键部位和重要设施制订现场处置方案，制订开发公司和各生产部门应急预案演练计划并按计划进行演练。

2. 建立科学的安全考核奖惩机制

为调动全员做好安全工作的自觉性和积极性，突出安全在生产中的极其重要地位，综合考虑各部门（单位）以及个人所承担安全责任的大小，制定科学可行的安全考核制度。

（1）在日常安全考核基础上，设立开发公司年度安全生产专项奖，向负责枢纽运行、发电等生产部门发放百日安全生产奖。制定相应管理办法，根据考核周期内安全生产情况核发奖金。

（2）修订开发公司安全考核管理办法，细化安全考核内容，突出安全工作重点，加大对违规违章、不守规矩、不执行制度的惩戒力度，做到考核全面、重点突出。

3. 加强水利枢纽安全监测

重点关注调水调沙等特殊时期枢纽安全监测、库区滑坡体监测以及库周地质灾害巡查，完善现有安全监测机制，确保监测资料的连续性、完整性，保障枢纽安全。

（1）坚持大坝安全会商制度，紧密结合枢纽运行实际，开展例行会商与专题会商，为枢纽运行提供技术支持。

（2）强化小浪底水库高水位和水位骤降、骤升工况下对小浪底工程的水工建筑物和枢纽设备设施的安全监测，对工程关键部位和库区安全的巡查、监测、分析和评估。

（3）规范对库区滑坡体、地质灾害的巡查机制，开展相关问题的调查研究，加大库区安全监测科技投入，提高自动化监测水平。

4. 加强枢纽设备安全管理

（1）枢纽生产运行管理部门按照管理职责，对小浪底水利枢纽和西霞院反调节水库的水工建筑物及水工金结设施设备、发供电设备、辅助设备、供水供电设施设备等管辖权限和责任进行明确分工，设置设备标识牌，设备管理责任落实到人。

（2）根据发供电设备和金属结构设备运行周期，加强运行设备的更新改造工作，枢纽生产运行管理部门要制订科学的设备更新计划，按计划淘汰更新老旧、落后设备，不断提高设备健康水平，努力达到设备本质安全的目标。

5. 建立隐患排查治理长效机制

（1）落实安全生产检查规定和隐患排查治理规定，制定安全管理部门检查表格和生产部门自查表格，针对不同单位、项目制定详细的检查表格和自查表格。生产部门和重大建设项目管理部门每月进行一次隐患排查，及时将自查情况报安全管理部门；安全管理部门每隔两个月进行一个专项或对一个部门（单位）按照表格进行抽查，将检查发现的问题及时反馈至相关部门，各部门（单位）的整改情况须在《安全月报》中说明安全管理部门对整改情况进行跟踪、督促和检查，实行闭环管理。

（2）隐患排查包括人的不安全行为，物的不安全状态，环境的不安全因素和管理上的缺陷四方面。重点排查安全生产规章制度、监督管理、教育培训、事故查处等方面存在的薄弱环节，基础设施、技术装备、作业环境、防控手段等方面存在的事故隐患；安全专项排查包括建筑施工、消防、特种设备等重点领域。

6. 扎实做好安全培训工作

安全培训旨在提升全员的安全理念、安全意识、安全风险防范和职业责任，需做到有的放矢、落到实处，让每个受训人员真正掌握安全知识，形成安全防范意识和自我保护能力。

（1）安全培训的对象要涵盖开发公司各级负责人、安全管理人员、生产操作人员、施工人员、特种作业人员等所有人员。

（2）采用邀请安全专家授课、讲座，参加水利部和安监部门举办的安全专题培训班等方式，培训各级负责人和安全管理人员，做到抓安全工作有决心，抓违章作业要狠心，抓帮教工作有耐心。

（3）严格落实三级安全教育，特种作业人员经过专业培训确保持证上岗，开展班组安全教育培训，提升安全生产技能，规范人员工作行为；建设项目管理部门负责监督和检查施工承包商的安全培训工作，特别关注施工人员的安全教育培训。

7. 积极开展各项安全活动提升全员安全意识

结合小浪底管理中心开展的安全文化创建工作，积极开展各项安全活动，营造出人人关心安全、参与安全、支持安全的良好氛围。

（1）采用展板、条幅、公司办公网络等各种方式，加大对安全生产月、水利安全生产大检查等安全生产活动的宣传，营造安全氛围。

（2）生产部门利用班前会、周安全活动和项目协调会，开展职工身边“无三违”等安全活动，强化人员安全意识。

（3）全员要做到安全“三防”即防思想麻痹、防侥幸心理、防工作懈怠。要从思想上高度重视，行动上认真落实，从自己做起，从身边做起，从细节做起，全面提升安全意识。

8. 强化施工现场的安全管理

参与枢纽维护、基建施工的承包商队伍，员工的综合素质以及单位的管理水平参差不齐，普遍存在重效益轻安全管理的思想，安全意识薄弱，项目管理部门要加强监督管理。

（1）建立项目管理部门安全生产检查制度，施工期间每周进行安全检查，并报安全管理部门；安全管理部门每月组织抽查。

（2）组织监督施工进场人员安全培训，由项目管理部门将培训情况报安全管理部门。

（3）强化起重设备安全专项管理，施工起重设备安全检测材料和操作人员证书在施工进场一个月内由项目管理部门报安全管理部门备案。项目管理部门重点督察施工承包商按期进行起重设备维护保养和检测。

9. 研究制订企业安全发展规划

将安全工作纳入企业整体规划之中，确保安全资金的足额投入，将安全管理工作落到实处，不断提高水利安全生产标准化水平，将开发公司目前所处的安全管理水平从依赖严格的监督（国家强制）与独立自主管理（企业自主管理）相结合的阶段逐步提升到互助团队管理（团队文化建设）的水平，真正实现“要我安全”到“我要安全”的转变。

安全生产责任重大，任务艰巨，是开发公司各项工作的重中之重，是“管好民生工程”的第一要务。

生产调度与防汛管理

SHENGCHAN DIAODU YU FANGXUN GUANLI

胡宝玉

一、概述

小浪底水利枢纽位于黄河中游最后一个峡谷的出口，坝址控制黄河流域面积69.4万km^2，占黄河流域面积的92.3%；控制黄河流域天然径流总量的87%，控制黄河输沙量近100%。小浪底水库总库容126.5亿m^3，其中长期有效库容51亿m^3，淤沙库容75.5亿m^3，为不完全年调节水库。

小浪底水利枢纽的开发目标是以防洪（包括防凌）、减淤为主，兼顾供水、灌溉和发电，蓄清排浑，除害兴利，综合利用。小浪底水利枢纽的建成，使黄河下游的防洪标准从约60年一遇提高到千年一遇；基本解除了黄河下游的凌汛威胁；利用小浪底水库75.5亿m^3的拦沙库容，在20~25年内可使下游河床基本不淤积抬升；平均每年可增加20亿m^3的调节水量，提高了黄河下游的用水保证率；小浪底水电站装机容量1 800 MW，设计多年平均年发电量前10年为45.99亿kW·h，10年后为58.51亿kW·h。水轮机为立轴混流式水轮机，额定水头112 m，额定流量296 m^3/s。

西霞院反调节水库位于小浪底水利枢纽下游16 km处，开发任务以反调节为主，结合发电，兼顾供水、灌溉等综合利用。工程建成后，利用0.45亿m^3有效库容对小浪底水利枢纽下泄不稳定流进行反调节，为日调节水库，可消除小浪底水电站调峰对下游的不利影响，同时提高了小浪底水电站调峰能力；西霞院水库总库容 1.62 亿 m^3，正常蓄水位 134.00 m，汛期排沙限制水位 131.00 m，西霞院水电站安装 4 台 35 MW 轴流转桨式水轮发电机组，总装机 140 MW，设计多年平均发电量 5.83 亿 kW·h，额定水头 11.5 m，额定流量 345 m^3/s。

小浪底水利枢纽运用分为三个时期，即拦沙初期、拦沙后期和正常运用期。拦沙后期是拦沙初期之后，至库区形成高滩深槽，转入正常运用期止，相应坝前滩面高程达 254.00 m，水库泥沙淤积总量约 75.5 亿 m^3。目前小浪底水库处于拦沙后期第一阶段，即水库泥沙淤积总量达到 42 亿 m^3 以前。截至 2015 年 4 月小浪底水库泥沙淤积总量为 30.48 亿 m^3。

小浪底、西霞院水库均分为三个调度期，其中 7 月 1 日至 10 月 31 日为防洪运用期，11 月 1 日至次年 2 月底为防凌运用期，3 月 1 日至 6 月 30 日为供水运用期。

二、部门主要职责、工作特点及工作情况

（一）主要职责及人员配置

主要职责为负责接收并执行小浪底管理中心和黄河水利委员会（简称黄委会）有关部门的水库调度指令，并接受小浪底管理中心水量调度部门的监督；负责向小浪底管理中心和黄委会上报水量调度和水库运行信息；负责协调与河南省电网的调度关系，协助完成年度发电计划；负责防汛办公室日常工作。

生产调度部（防汛办）成立于 2014 年 2 月下旬，编制 10 人，其中部长 1 人，副部长 1 人，调度专员 1 人，调度副专员 1 人，调度管理员 5 人，防汛管理员 1 人。实际到岗人数 8 人。生产调度部部长兼任防汛办公室主任。

（二）工作特点

1. 调度工作

水库防洪、防凌、供水、灌溉调度安全责任重大，发电计划要求高、操作性强，日均下泄水量控制精度要求严；水调指令调整幅度大、变化频繁；生产调度工作要求全年24小时值班，协调工作量大，工作内容较为繁重，综合素质能力要求高。

2. 防汛工作

流域发生洪水概率逐步增大，区间洪水洪量大、涨势猛、预见期短；工程安全度汛仍存在薄弱环节，黄河下游河道行洪能力较低；加之近年来极端天气事件突发频发，防汛工作压力较大。

（三）工作情况

1. 电量调度

根据上级水调指令，结合当前水情，编制中、长期发电量计划，报发相关单位、部门；每日根据耗水率、前一日电量、水库水位等实际情况对发电量计划进行微调，确保下泄流量满足指令要求，西霞院水库水位不超过限制值。

协调河南省电力公司、上级水调部门以及开发公司相关部门，确保小浪底、西霞院水库下泄流量、发电量满足水调、电调指令要求，完成年度发电计划任务。

2. 水库调度

当通过机组下泄流量不能满足水调指令指标时，编制并按规定报批闸门调度方案，下达闸门操作指令，满足泄洪排沙和水调指令要求。

3. 防汛管理

负责防汛办公室日常工作，包括防汛预案修订、组织召开公司年度防汛工作会议、组织防汛培训、检查、演练、督察、抢险工作等。

4. 调度安全管理

负责防汛值班和全年24小时调度值班，确保水库调度安全。

根据泄洪孔洞备用要求和安全关联情况，审批水工工作单。

5. 信息报送

编报调水调沙工作总结、防洪总结、防凌总结、供水总结、年度调度工作总结和部门调度工作月报等。

定期向黄委会、河南省电力公司、小浪底管理中心相关部门、人员报发水情电量信息、工作小结、统计报表等。

2013 年 5 月 15 日，开发公司与小浪底管理中心完成了泄洪孔洞调度工作交接，正式开展泄洪调度工作。截至 8 月 31 日，生产调度部 2014 年共接收水库调度单位和水量调度处水调指令 85 份，下达闸门操作指令 345 份（其中小浪底水库 65 份，西霞院水库 280 份），审批水工工作单 60 份（其中小浪底水库 29 份，西霞院水库 31 份），制订正式发电计划 32 份。

三、调度及防汛工作目标

（一）小浪底水利枢纽调度目标

按设计确定的条件、指标及有关运用原则，考虑近期和长远利益，合理利用淤沙库容，塑造合理的库区泥沙淤积形态，保持长期有效库容，正确处理防洪（包括防凌）、减淤、供水、灌溉和发电等任务需求，充分发挥枢纽以防洪减淤为主的综合利用效益。

（二）西霞院反调节水库调度目标

按照西霞院反调节水库设计确定的参数、指标及有关运用原则，协调各项开发任务的需求，在确保工程安全的前提下，充分发挥以反调节为主的综合利用效益。

（三）防汛工作

严格执行黄河防汛抗旱总指挥部（简称黄河防总）调度指令，充分发挥小浪底水利枢纽防洪效益；当发生标准内洪水时，确保小浪底水利枢纽和西霞院反调节水库安全；当发生超标准洪水时，确保小浪底水利枢纽和西霞院反调节水库安全，努力减少洪水灾害损失；确保枢纽管理区其他生产经营、项目建设、文化生活等设施、区域的防汛安全。

四、调度的依据和原则

（一）调度依据

（1）《小浪底水利枢纽拦沙后期（第一阶段）运用调度规程》（水利部2009年9月4日以水建管〔2009〕46号文批复）；

（2）《黄河小浪底水利枢纽配套工程——西霞院反调节水库运用调度规程》（水利部2012年2月17日以水建管〔2012〕25号文批复）。

（二）调度原则

（1）社会效益、公益性效益优先原则；

（2）以水定电、电调服从水调原则。

五、调度及防汛工作面临的问题和形势

（一）调度工作面临的问题

1. 水库调度系统老化

目前生产调度部使用的调度自动化系统是由小浪底管理中心10多年前组织开发的，贴合实际但功能相对比较有限；水情测报系统、调度视频系统由于硬件设备老化、故障率高、稳定性差，尤其是西霞院水文站数据传输系统很不稳定，经常中断。通过定期和不定期的维护，上述系统和设备只能基本满足当前生产调度需要，但从长远看，已不能满足库区形势和水库运用对生产调度工作的要求。

2. 泥沙淤积进程加快

小浪底塔前泥沙淤积进程加快，淤积面加速抬升，可能造成事故门前临时淤堵，闸门无法打开，泄洪洞无法泄水运用，影响枢纽正常泄洪和安全运用。

3. 下泄流量考核指标与实际偏差较大

小浪底、西霞院水文站实时测量的流量值是流量指标考核的唯

一标准。但在实际工作中，限于目前测量技术限制，其精度并不满足实际需要，偏差较大。同时，小浪底水利枢纽和西霞院反调节水库各泄洪孔洞流量曲线未校核，偏差较大，流量跟踪比较困难。

4. 调度基础数据欠缺

调度基础数据（如各部位的淤积高程，各流道的含沙量等）的实时性、全面性、连续性不能满足实际调度工作需要。

（二）防汛工作面临的形势

1. 流域洪水概率增大

黄河已连续32年未发生超过10 000 m^3/s量级洪水。气象部门预测今年黄河流域降雨比常年略偏多，其中河源地区和中游以下地区降雨较常年偏多两成和三成。按照洪水发生规律，黄河发生流域性大洪水可能性不断增大。

2. 极端天气事件频发

近年来受全球气候变化的影响，短历时、高强度的降雨频发，局部超设计标准大风等强对流天气明显增多，极端气候不可预见性、突发性日益凸显，给防汛工作带来巨大挑战。

3. 大流量泄洪运用尚需检验

小浪底水利枢纽投入运用至今，最高蓄水位为270.10 m，最大下泄流量4 780 m^3/s；西霞院反调节水库历史最高蓄水位134.00 m，最大下泄流量4 450 m^3/s，大流量泄洪运用还没有经过实际检验。

4. 度汛存在薄弱环节

小浪底水库塔前淤积泥沙可能失稳导致进水口淤堵、大坝沉降和变形尚未完全稳定、小浪底泄水渠易受冲刷，小浪底水库库区阳门坡滑坡体及坝后东苗家滑坡体存在失稳风险。汛期遇过高的过机含沙水流，易对机组运行方式及发电造成一定影响。西霞院反调节水库混凝土坝段左导墙基础冲刷、排沙孔洞前后泥沙淤积导致闸门启闭困难。

5. 防汛协同机制需进一步理顺

开发公司部门间协调、配合、沟通的机制尚未理顺，部分人员对防汛预案不够熟悉，对枢纽运行工况把握不深。与驻守武警、施工单位的防汛协同机制需要进一步健全。落实小浪底管理中心各项防汛工作要求，亟须创新工作方法，强化与水调、电调部门的沟通协调。

六、国内水库调度的现状与发展趋势

（一）国内典型水库调度情况

1. 三门峡水库

三门峡水利枢纽共安装 7 台水轮发电机组，其中包含 5 × 50 MW 的轴流转浆机组（其中 1 号机组后改造增容为 60 MW）和 2 × 75 MW 的混流式机组，总装机容量 410 MW。在汛期水库水位控制在 305. 00 m，两台混流式机组由于运行水头不能满足设计值，不能运行，水位只能满足 5 台轴流转浆机组运行条件。

三门峡水库运用经历了"蓄水拦沙"（1960 年 9 月 ~ 1962 年 3 月）、"泄洪排沙"（1962 年 4 月 ~ 1973 年 10 月）、"蓄清排浑"（1973 年 11 月至今）三个阶段，期间先后进行了两次改建，增建了"两洞四管"，打开 12 个施工导流底孔，大大增大了泄流能力。

三门峡水库汛期调度运用的边界条件较多，优化运用空间较小。发生大洪水和调水调沙时，需严格服从黄河防总统一调度，自身无调度运用空间；当汛期发生中常洪水时，一般要进行敞泄排沙运用，无调节空间；若汛期限制 305. 00 m 水位，调节库容非常有限，增加了汛期水库优化调度的难度。

目前，三门峡水利枢纽管理局一方面采取各种措施确保三门峡水库基本实现年度冲淤平衡；另一方面，汛期发电相当于径流发电，重点提高水量利用率和降低发电耗水率。在入库流量超过机组过流能力时，机组满负荷，适时开启泄流孔洞分流分沙；在入库流量小于机组过机能力时，主要维持较高机组负荷率和较高发电水头。

2. 三峡水库

三峡水利枢纽是迄今为止世界上最大的水利枢纽工程。三峡水利枢纽建成后，控制流域面积100万km^2，防洪库容221亿m^3，可极大改善下游防洪形势；三峡水库全长600 km，上游川江航道因此得到根本改善；三峡电站拥有总装机22 400 MW，年发电量1 000亿kW·h。

三峡水库是多目标运用水库，首要任务是防洪，其次是发电并兼顾调节航运的任务，同时必须认真考虑保护生态和环境。

三峡水库采用一体化的综合管理模式。综合管理模式首先体现在三峡工程对防洪、发电、航运等进行统一的多目标管理。各种调度管理措施都必须服从《三峡水库调度和库区水资源与河道管理办法》（简称三峡水库管理办法）、《三峡葛洲坝水利枢纽梯级调度规程》（简称三峡调度规程）的规定。三峡水库管理办法和三峡调度规程从多目标管理的角度出发，协调各方的利益，以综合效益最大为目标，是目前三峡工程管理的法律性文件，由政府组织相关部门研究制定并以法律法规的形式颁布实施。此外，距三峡大坝下游约38 km处的葛洲坝水利枢纽是三峡工程不可分割的梯级枢纽，三峡—葛洲坝梯级枢纽及其水库实施联合统一调度。

气象水文信息采集系统是整个三峡水库调度管理的基础，预报是调度管理决策的依据。此外，三峡水库调度管理涉及的部门众多，包括国家防总、长江防总、交通航运部门、国家电网公司等。

泥沙问题关系水库寿命，是三峡调度管理的重要基础条件，无论汛期还是非汛期的调度，都给予认真考虑。在三峡水库的调度方案中，泥沙问题的考虑占有相当重要的地位。三峡水库采取“蓄清排浑”的调度原则，减少水库的泥沙淤积。

三峡水库生态调度以保护特有珍稀鱼类为代表，通过调度营造适宜鱼类产卵、生长的水文情势。作为一个崭新的课题，生态调度与防洪、发电、航运等传统调度之间的协调关系仍在进一步探索研究中。

三峡水库的蓄水与航运、生态、发电、泥沙等问题的关系密切，影响重大，因此每年汛后蓄水过程的调度也具有很大的难度，主要考虑在防洪安全的基础上，兼顾中下游供水安全，加快蓄水进程。

三峡水库管理调度既要考虑防洪，又要考虑发电和航运，泥沙又是一个重要因素，加之水库生态调度需求越来越重要，使得三峡水利枢纽的管理有可能成为世界上最为复杂，同时也是潜力最大的水库管理命题。目前，长江上游流域的水资源开发利用形势正经历着深刻的变革，随着上游干支流数十个大型水电站的开发，以整个流域综合效益最大为目的的流域梯级一体化综合调度管理，对于流域水资源管理领域无疑将是一次难得的挑战与机遇。

3. 二滩水库

二滩水库位于四川省西南部攀枝花市境内的雅砻江下游，距雅砻江与金沙江的交汇口 33 km，是以发电为主的大型水库；坝型为混凝土双曲拱坝，最大坝高 240 m，是中国已建成的最高坝，在世界同类型坝中居第 3 位。水电站装机容量 3 300 MW，多年平均发电量为 170 亿 kW · h。水库正常蓄水位 1 200. 00 m，总库容 58 亿 m^3，调节库容 33. 7 亿 m^3，为季调节水库。

二滩水库发电调度原则是，在满足电力系统要求的条件下，充分合理地利用水量与水头，尽可能多地增发电量，取得最好的经济效益。二滩水电开发有限责任公司（简称二滩公司）为此积极采用优化调度方法来挖掘二滩水库经济运行的潜力，一方面，以发电量最大化为目标，在协调好电网、防汛管理部门与二滩公司之间各方面关系的基础上，充分发挥水库调节性能，提高发电效益；另一方面，当二滩公司受制于短期电网负荷需求，无法实现中长期发电量最大化目标时，二滩水电站以耗水量最小为目标，安排机组运行发电。

二滩水库在设计方案上设计为不承担上下游的防洪任务，也无防洪限制水位。由于泄洪能力大，在原设计方案中，二滩水库为高水位运行。后来，结合调度经验，对二滩水库汛期运行方式进行了研究。结果表明，在确保水库蓄满水和完成发电计划的前提下，适当降低水库汛期的运行水位，可以提高水库调度的主动性和灵活性，减少泄洪闸门的操作频次和有效库容淤积，有利于合理分摊泄量，保证大坝及枢纽工程安全度汛，同时，还可获得较好的发电量效益。

（二）水库调度的发展趋势

1. 洪水调度

我国是一个洪涝灾害较严重的国家，大部分水电站水库都承担着防洪任务，且设有共用库容。随着国民经济的发展，防洪与兴利之间的矛盾更加突出，原来没有防洪任务的电站（如二滩水电站），也开始要求承担部分防洪任务。因此，如何科学、准确地预报洪水，对于最大限度地发挥水利工程防洪减灾、兴利除害的作用具有重大意义。近年来，日益增长的用水需求与有限的水资源之间的矛盾日益突出，人们对洪水的认识也发生了较大变化，认识水平不断提高，如何在防御洪涝灾害的同时，把洪水作为一种资源更好地利用起来，最大限度地除害兴利，给水库调度工作设立了更高的目标。通过电力、水利等部门以及广大科研、教学和运行管理部门的共同努力，水库防洪调度技术也取得了新的进步，特别是以汛期动态控制水库汛限水位为突破的洪水调度技术正在越来越多的地方展开试点工作，且取得了良好的成效。

水库汛限水位动态控制是与当前预报技术发展相适应的水库调度方式。我国在汛限水位动态控制研究方面已取得较好的效果。目前已有大伙房、清河、柴河、观音阁、白龟山等水库在实际调度中实施了汛限水位的动态控制。2010 年三峡水库实施了汛限水位动态控制运行，取得了良好的经济效益。

早在 2002 年水利部就提出了洪水资源化概念，并开展了水库汛限水位设计与运用专题研究。在全国选择了密云、漳河、五强溪等 12 座水库进行水库汛限水位动态控制的试点，取得了重要成果。

实现水库汛限水位动态控制运用必须有技术保证。可靠的防洪调度业务系统，通过先进的流域水雨情信息的采集、洪水预报方案及防洪调度等模块，提供准确的洪水预报和科学防洪调度方案，为防洪调度决策提供有力技术保证。

由于防洪调度由政府防汛指挥部门负责，汛限水位动态控制需要防汛指挥部门审批。目前尚未形成有效机制，且提高汛限水位需要进行大量的研究和论证，在实际操作中还存在较大困难。

2. 生态调度

生态调度是水库调度发展的最新阶段，自始至终贯穿着生态与环境问题，它以满足流域水资源优化调度和河流生态健康为目标。包括了生态需水、生态洪水、泥沙、水质调度和生态因子调度。

3. 数字流域

数字流域就是综合运用遥感（RS）、地理信息系统（GIS）、全球定位系统（GP）、虚拟现实（VR）、网络和超媒体等现代技术，对全流域各类信息进行数字化采集与存储、动态监测与处理、深层融合与挖掘、综合管理的大型信息管理系统，它是水调自动化系统的发展方向。

利用基于GIS的数字流域系统的可视化信息平台，实现全流域各类不同信息之间的共享，并进行更深层次的信息融合、挖掘和综合。对全流域进行动态实时的三维仿真，提供河道水情分析模拟、洪水演进仿真模拟、洪水灾害评估等功能。通过模拟流域在不同决策作用下的结果，为防洪、发电等决策提供有效支持。

4. 单一水库优化调度

单一水库的优化调度措施主要有：洪前预泄，重复利用库容，多发电；拦蓄洪尾，抬高水库运行水位，提高水库发电效率；拦污栅清污和下游尾水开挖，增加水库运行水头。另外，随着遥测和遥感技术、系统工程、计算机、信息科学的发展，水电站水库水情测报预报技术得到了较快发展，一些大型水电站还建起了水库调度自动化系统，加之人们对洪水发生规律认识的不断深化，部分水库在汛期开始尝试采用动态控制起调水位的办法，提高汛期水库平均运行水位和汛期水能利用率，达到多发水电的目的。

5. 水库群的优化调度

水库群的优化调度包括在同一流域内有水力联系的梯级水电站和在不同流域内没有水力联系的水电站水库。一般是由所在电网的调度机构，根据各水库的来水预报和蓄水情况，统筹编制水电站水库群的发电计划，使梯级水电站水库之间协调高效运行，同时，避免由于计划不当导致某一水电站弃水或运行破坏。不同流域水电站之间通过水力补偿调度使之达到最好的效益。在数学上常将水电站群看做一个包含多个不同目标的大系统，可在建立数学模型后通过大系统分解确定每个水库的调度过程。

6. 水火电联合优化调度

水火电优化调度包括同一区域内和跨大区的水火电优化调度，都是由所在电网调度机构通过优化电网运行方式进行水火电补偿调度，以达到多发水电、充分利用水能资源的目的。在汛期，通过优化电网运行、加大火电调峰等措施，为水电的大发和满发创造条件，充分利用季节性电能；在汛末，尤其是枯水年份，通过加大火电发电量、减发水电，为水库蓄水创造条件，提高水库蓄满率和发电效率。随着中国电网规模的不断扩大和全国联网，使跨大区和跨流域的水火电优化调度成为可能，特别是随着西南大型水电项目的开发建设和特高压电网的建成运行，将为实现全国范围内的水火电优化调度奠定基础，水火电优化调度的效益将更为显著。

七、对策及建议

（一）调度工作

1. 开发新的生产调度系统

调研现代科技发展趋势，提高监测水平，特别是重点部位的实时监测水平；加强对水库泥沙淤积、坝前流态力场监控分析、库区支流拦门沙、塔前漏斗形态的监测，联合大专院校、科研单位、设计单位高标准规划设计、联合开发，在条件允许和时机成熟时建立开发公司自己完备的集水情测报、洪水预报、信息收集、筛分处理、专家诊断、水库调度等于一体的生产调度系统。

2. 建立基础数据库和数据分析体系

全面细致地对上述生产调度系统所需的基础数据进行梳理，按重要程度及实现的难易程度分阶段解决数据来源和准确性问题，如各部位淤积高程、各流道含沙量实时数据等须优先解决。最终建立一个统一的功能完善的基础数据库，由专业人员进行基础的分析整理，为科学调度提供第一手的数据支撑。长远目标，应建立以大数据、云计算为基础的数据分析体系，给水、沙、电精确调度提供坚实支撑。

3. 做好现有调度系统的更新改造和维修维护

在新的系统开发投运前，逐步对故障率较高的水情测报系统、调度视频系统设备进行更新改造，预留与新的系统的接口。对故障设备进行维修，确保可靠获取两库实时水情数据。当条件允许时，对小浪底、西霞院泄洪孔洞工作闸门水位—开度—流量关系曲线进行率定，以便对泄洪孔洞闸门进行精确调度。

4. 加强水调与电调沟通

探索建立水调和电调主管部门的定期会商机制，缓解水电调矛盾。增加人员配置，加强业务培训，提升部门人员业务技能和整体素质。

5. 加大泥沙科研力度

开展排沙洞事故门防淤堵研究、小浪底泄洪孔洞调度组合对塔前漏斗区淤积形态和过机含沙量的影响、西霞院泄洪孔洞闸门调度组合对坝前冲刷坝后淤积的影响等相关课题展开专题研究。

6. 适时启动规程修编

适时启动调度规程修订工作，为水库调度部门、运行管理单位水、沙、电实时调度提供依据，同时确保小浪底水利枢纽和西霞院反调节水库运用安全。

（二）防汛工作

1. 加强自身能力建设

明确“组织机构、专业队伍、技术装备、业务能力”的基本内涵和目标，加强各级防办队伍建设，建立健全防汛应急机制，完善各类防汛应急预案，努力提高各级防办应对各种突发事件的能力，全面提升防汛工作水平。

2. 完善防汛预警子系统，建立防汛决策平台

在实时掌握工程运行工况基础上，进一步完善水雨情实时监测及洪水预警预报系统、大坝安全监测系统、数字大坝系统、泥沙淤积三维可视系统、大坝震害预警与决策系统等，建立集上述系统于一体的防汛决策平台，为及时准确研判、科学决策提供支持。

3. 深入开展枢纽防汛薄弱环节研究

针对小浪底水利枢纽塔前淤积泥沙可能失稳导致进水口淤堵、主坝坝体变形仍未完全稳定、小浪底泄水渠易受冲刷，小浪底库区阳门坡滑坡体及坝后东苗家滑坡体存在失稳风险；西霞院混凝土坝段左导墙基础冲刷、西霞院排沙孔洞闸门泥沙淤积导致闸门启闭困难等枢纽防汛薄弱环节进行深入研究，加快提出解决方案，提升枢纽防汛本质安全。

4. 加强库区地质灾害研究

引进探索卫星遥感、无线电航模或小型无人飞机遥控摄像等新技术在水利水电领域的应用技术，对库区主要滑坡体、库岸边坡的裂缝、位移、错位等滑坡前兆进行监控，定期分析对比，在综合判断滑坡类型、规模、后果的基础上，及时修建地面排水设施、削坡减重等应对措施，有效避免和应对库岸地质灾害的发生。

5. 优化防洪调度

与上游水库建立信息互通机制，及时掌握入库水量，科学实施汛限水位的动态控制，严格执行水库调度单位、小浪底管理中心的水库调度指令，在优先确保防洪调度安全的同时，尽可能实现各机

组满负荷运行，充分发挥枢纽工程的社会效益和经济效益。

深入开展洪水资源化研究。加大投入，开展小浪底水库汛限水位动态控制和洪水资源化调度研究，在保证防洪安全的前提下叠加使用防洪库容和兴利库容，充分利用洪水资源，充分发挥枢纽综合效益。

以上是我们对生产调度和防汛管理工作的一些肤浅的认识和思考，真诚欢迎各位领导和同事们对不合理、不恰当的地方提出宝贵意见和建议，为做好小浪底水利枢纽和西霞院反调节水库生产调度和防汛工作建言献策、贡献力量。

生产保障管理

SHENGCHAN BAOZHANG GUANLI

李　安

一、生产保障工作内容

（一）生产保障管理的工作职责

1. 仓储管理

负责开发公司日常生产所需要的设备、物资的采购计划编制、统计、组织到货验收、仓储管理等工作；负责桥沟油库管理工作（桥沟油库已于2015年底拆除）；负责小浪底水利枢纽留庄转运站管理工作。

2. 枢纽管理区供水系统管理

负责小浪底水利枢纽管理区和西霞院工程管理区生产、生活供水干线管理，即从水源到供水池及其间的管线、设备、设施的运行、维护、更新改造、生产管理。

3. 枢纽管理区供电系统管理

负责小浪底水利枢纽管理区和西霞院工程管理区生产、生活供电干线管理，即从外线到变压器及其间的线路、设备、设施的运行、维护、更新改造、生产管理。

（二）生产保障设施的构成及现状

1. 仓储设施构成及现状

开发公司中心仓库现有库房4个、开敞式存放区1个。仓储设施是在小浪底水利枢纽建设期间二标承包商工作车间基础上改造而成的，整体为钢架结构，彩钢瓦屋顶，保温、隔热、防尘、防雨效果较差。

留庄转运站始建于1992年，主要用作小浪底、西霞院水利枢纽施工期机电设备存储。

2. 枢纽管理区供水系统设施构成及现状

枢纽管理区供水系统分为蓼坞供水系统、葱沟供水系统、小浪底技术供水系统、西霞院供水系统四个部分。

蓼坞供水系统包括：蓼坞水源井、蓼坞加压站、高程为146 m水池、高程为245 m水池及供水管路。

葱沟供水系统包括：葱沟水源井、葱沟一级加压站、葱沟三级加压站、葱沟四级加压站及高程分别为146 m、230 m、290 m、244 m（绿化）、278 m（绿化）、280 m（绿化）、308 m（停用）水池和供水管路。

小浪底技术供水系统包括：蓼坞备用井、葱沟备用井、技术供水池、西沟坝泵房、技术供水管路。

西霞院供水系统包括：西霞院工程1号、2号、4号、5号泵房及西霞院工程北岸水池、西霞院工程南岸水池、西霞院工程供水管路。

小浪底水利枢纽管理区蓼坞、葱沟供水系统始建于1992年，用于小浪底水利枢纽工程施工期生产、生活供水，目前用于小浪底水利枢纽管理区生产、生活供水。

小浪底技术供水系统建成于1999年，主要用于小浪底水利枢纽发电机组技术供水。

西霞院工程管理区供水系统始建于2003年，用于西霞院反调节水库工程施工期生产、生活供水，目前用于西霞院工程管理区生产、生活供水。

供水管路总计约31 km。

3. 枢纽管理区供电系统设施构成及现状

枢纽管理区供电系统分为变电站、供配电线路、供配电变压器、路灯等。

变电站包括：110 kV 东河清变电站；35 kV 蓼坞变电站、东山变电站；10 kV 小浪底工程葱沟变电站、桥沟东区变电站、桥沟西区供热制冷站变电站、小浪底工程教育基地 1 号院变电站、小浪底工程教育基地 2 号院变电站、科研基地变电站、转轮加工车间变电站、枢纽养护基地变电站、中州国际饭店变电站、小浪底文化馆变电站、东山 5 号公寓楼变电站、东山洗浴楼变电站、枢纽维修中心生活区变电站、小浪底工程蓼坞备用井配电柜等十多个站点；西霞院 35 kV FT21、FT26 变压器及高压侧开关设备。

供配电线路包括：110 kV 线路 2 回约 42 km、35 kV 线路 5 回 40 多 km、10 kV 线路 20 回 60 多 km，共计约 145 km。其中，架空供配电线路约 90 km，电缆供配电线路约 55 km。

供配电变压器包括：10 kV 箱式变电站 47 台套。

路灯（8 m）：共 1 445 套。

枢纽管理区供电系统始建于 1992 年，用于小浪底水利枢纽工程和西霞院反调节水库工程施工期生产、生活供电，目前用于小浪底水利枢纽管理区和西霞院工程管理区生产、生活供电。

二、生产保障管理现状

（一）机构人员现状

生产保障部下设仓储管理科、供水科、供电科共三个科，现有职工 22 人，其中仓储管理科 13 人、供水科 5 人、供电科 4 人。

（二）管理方式

仓储管理科的工作由职工承担，桥沟油库车辆加油工作由物业公司聘用人员承担，小浪底水利枢纽留庄转运站的安全保卫、维护维修工作分别由 2 个辅助经济合同单位承担。

枢纽管理区供水、供电系统的运行、维护工作由辅助经济合同单位承担，生产保障部负责监督管理，供水、供电系统的更新改造、大（中）修等工作由供水科、供电科分别承担。辅助经济合同单位为中国水利水电第十一工程局有限公司小浪底项目部，主要包括以下工作内容：

（1）小浪底水利枢纽管理区和西霞院工程管理区内供水、供配电设施、设备的日常运行值班及管理、巡视检查、日常的维护保养和检修。

（2）小浪底水利枢纽管理区和西霞院工程管理区内供水、供配电设施、设备的事故和故障抢修工作。

（3）小浪底水利枢纽管理区和西霞院工程管理区内用水（电）户的日常管理、用水（电）量计量的抄表、核算等工作。

（4）小浪底水利枢纽管理区和西霞院工程管理区内供配电设施、设备的运行调度管理。

（5）小浪底水利枢纽管理区和西霞院工程管理区内的用水（电）安全监察工作。

（三）生产保障部工作开展情况

1. 仓储管理工作开展情况

仓储管理科成立于 2014 年 3 月，成立以来主要完成了以下工作：库存设备、物资的盘点、交接工作；桥沟油库的管理交接工作；小浪底水利枢纽留庄转运站的管理接收工作；完善内部管理制度；将原水力发电厂生产管理信息系统（MIS）修改完善扩大到全公司；确保仓库和油库运转正常，不影响枢纽生产工作开展。开展 1 号仓库改造工作开发了仓库物资管理系统并已投入使用。目前正在开展仓库物资整理工作。

2. 供水供电系统运行维护管理工作情况

生产保障部按照供水、供电系统运行维护委托合同内容，制订细化了监管措施，并按月对合同执行情况进行检查考核，尽力做好小浪底水利枢纽管理区和西霞院工程管理区供水、供电系统的运行维护工作。

目前辅助经济合同单位合同执行情况良好，按要求完成了运行值班、巡视检查、维护检修试验、隐患排查治理、供用水电情况统计等技术管理工作。生产保障部以合同为依据，按照考核实施细则，每月对工作完成情况、制度的制订执行、工作记录、文明生产、技术管理、安全教育、政治学习等内容进行检查考核，根据考核结果进行费用结算。合同执行基本顺利，保证了小浪底水利枢纽管理区和西霞院工程管理区供水、供电系统正常运行，未发生安全及质量事故。年供水量550万~750万 m^3，年供电量约3 500万kW·h。

3. 综合计划项目管理情况

生产保障部开展了仓储改造、维修，供水供电系统更新改造、维护维修项目的管理工作。目前项目管理工作均按计划在正常开展。

（四）生产保障工作的特点

1. 生产保障工作具有点多面广、服务对象范围大的特点

生产保障设施散布于小浪底水利枢纽管理区和西霞院工程管理区，延伸到角角落落，事关枢纽管理区各部门的生产工作和每位职工的生活保障。生产保障工作更多的是生产服务，寓管理于服务之中，关键时刻也担负着相应的政治、经济责任。

2. 生产保障工作具有“杂、高、多”的特点

所谓“杂”，就是工作繁杂，既是生产单位又是管理单位，同时也是服务单位，既有专业技术工作，也有党务和政务工作；所谓“高”，就是对保障工作的要求高，既要能够保障供应，还得做到保障可靠；所谓“多”，就是被动性的工作多、临时性的工作多、突发性的工作多、应急性的工作多。

3. 生产保障工作具有小事不小的特点

生产保障工作相对于主业生产是小事，但保障不到位就会成为大事，必须正确处理公司中心工作与生产保障工作的关系，围绕中

心，服务大局，甘当配角。

4. 供水供电监管工作具有生产管理和项目管理的特点

既要深入关注日常的生产工作，又要运用项目管理的方法对辅助经济合同单位进行管理。

三、工作中存在的主要问题

生产保障工作总体运行平稳，但新的管理体制对枢纽运行管理工作提出了更高的目标要求。对比国际、国内先进企业和小浪底管理中心“六个一流”目标要求，我们在运行管理的标准化、规范化、设备信息化管理水平以及运行管理机制方面还存在差距。

（一）仓储管理中存在的主要问题

1. 仓储设施、管理手段落后

现有仓库为小浪底工程施工期二标承包商工作车间改造而成，缺少现代化仓储设施、设备，缺少消防安全防控系统，缺少仓储物资管理信息系统，仓库存储温度、湿度、通风、防火等不能满足现代仓储标准，不能确保仓储物资的质量。现有的物资管理系统依托 2007 年原水力发电厂委托开发的生产管理信息系统（MIS）拓展而成，已运行多年，需要进行功能的更新、升级。

2. 日常管理存在不足

枢纽运行需要的物资种类繁多、规格型号庞杂，没有形成库存定额系统；备品备件的仓储管理相对落后，备件储备未实现定额管理，未建成现代化的备品仓储管理系统；库存设备、物资报废处理不及时，占用大量库存空间。

3. 人员素质需要提升

仓储管理人员配备以及年龄、知识结构不合理，需要加大业务知识培训和技能培训，库内行吊、叉车等特种设备操作需要取证。

（二）供水供电系统运行维护管理中存在的主要问题

1. 管理方式、手段和队伍人员素质不高

生产保障部供水、供电系统管理人员配备及专业结构不尽合理，技术力量相对薄弱，管理水平需要提高。

辅助经济合同实施单位人员数量和专业配备没有形成良好的梯队，人员业务水平参差不齐，存在高素质人员引进难、流失多等问题，总体管理水平还不能满足“六个一流”的工作要求。一是辅助经济合同实施单位的人员有临时工作思想，缺乏主人翁精神，部分人员责任心不强；二是运行维护工作技术水平落后，目前主要沿用传统的运行维护管理方法，新技术、新工艺、新材料应用不多；三是辅助经济合同单位日常生产中投入不足，得过且过；四是辅助经济合同单位人员管理不规范，人员构成复杂，现有人员的素质不能完全满足综合自动化系统运行维护工作要求。

辅助经济合同条款不够细致完备。同时提供给辅助经济合同实施单位的办公场所、住宿、机加工维修场所等没有统筹安排，不利于日常生产管理。

2. 技术管理工作有待提升

设备技术台账还不健全，技术档案没有实现电子化、数字化，技术资料更新不及时；运行管理仍主要沿用传统模式，即人工运行操作、手工记录台账、人工抄表计量、人工巡检等；设备技术台账、检修记录、缺陷管理等还是手工记录。管理水平不能适应现代管理要求，距“六个一流”标准要求差距很大。

部分供水管路、地埋供电电缆线路经过二十多年运行，随着工程建设，地形地貌变化，现状弄不清楚；地埋管路、线路标识不齐全、不规范、不美观；110 kV 和部分 35 kV、10 kV 架空供电线路分布于黄河两岸农田、山区，运行维护工作经常受到当地老乡干扰、阻挠；动土项目开工审批程序不够完善，经常发生地下管线被损坏情况等。

3. 更新改造力度需要加大

供水、供电系统建成于 20 世纪 90 年代初，2001 年虽然进行过较大的更新改造，但十多年过去了，设备技术水平逐步落后，设备状况逐步变差，需要加大更新改造的力度；维修维护的质量不能完全保证，部分设施、设备维修质量不高，不能完全达到预期的维修效果；建筑等基础设施陈旧、建设标准较低，很多基础设施与枢纽管理区整体环境不相协调，需要改造提升。

供水、供电系统设施、设备分布零散，可视化管理、集中监控、巡视管理工作投入不足，整体自动化程度不高，运行、巡视设备人工成本比较高。目前除了部分集中管理设备实现综合自动化，大部分散布在枢纽管理区的设施、设备均未实现远程监视、监控。供水供电计量抄表均为人工方式，没有智能化远程抄表。

西霞院至小浪底 35 kV 架空供电线路途经黄河两岸山区，雷雨季节经常遭受雷电袭击，影响供电可靠性，防雷措施有待进一步加强。

四、目前仓储管理、供水管理、供电管理技术应用概况

（一）仓储管理技术应用概况

现代仓储管理系统的理念是：管理的自动化、智能化、主动式、交互化、平台化、即时化。仓库的功能除了具备储存和保管功能，还应有信息传递的功能。仓库首先要保持储存物品的完好性，根据储存物品的特性配备相应的设备，使仓库真正起到贮存和保管的作用。其次仓库管理要发挥其保障枢纽安全生产的功能，让相关人员及时了解、掌握库存信息，起到信息传递功能。当在处理仓库活动有关的各项事务时，要依靠计算机和互联网，通过电子数据交换（EDI）和条形码技术来提高仓储物品信息的传输速度，及时而又准确地了解仓储信息。如仓库利用水平、进出库的频率、物资的需求情况等。仓储管理要实现自动化、智能化，提高生产保障的能力。

（二）供水管理、供电管理技术应用概况

随着科技进步，应用传感信息处理技术、可视化技术和数字化技术集成的在线监测和故障诊断系统逐步推广。设备数字化、信息

化和智能化装备水平取得长足发展，智能变电站设备开始广泛应用，在管理方面，智能化成为主要发展方向。

1. 综合自动化监控系统广泛应用

目前城市供水行业、国家电网公司供电运行管理工作广泛应用综合自动化监控技术，集中控制、统一管理，取消了现场值班人员，实现了“无人值班”，降低了现场误操作的概率，提高了安全性。

2. 智能化装备的应用

采用智能化装备，应用信息与通信技术、计算机网络技术，及时将设备状态信息“上传”到计算机监控系统，保证生产人员及时掌握设备状态，实施优化运行调度、科学合理安排设备检修维护计划。

3. 巡检智能机器人的应用

运用远程红外监测与诊断技术、远程图像监测与诊断技术、声音监测与诊断技术等研发的变电站巡检机器人、高压线路巡检机器人等代替巡视人员进行巡视检查。

五、下一步工作思路

根据小浪底管理中心对枢纽运行管理工作提出的新要求，生产保障工作也需要切实加强，我们的工作思路是：以安全稳定运行为基础，以“一流的设施”为目标，以标准化、规范化、信息化、科学化为方向，加强日常生产管理、提高巡视检查维护质量、加大技改力度、加强人员管理和团队建设，借鉴国内外先进理念，运用先进技术装备，为实现“六个一流”目标提供可靠的生产保障。

（一）仓储管理工作思路

仓储管理是企业管理的一个重要组成部分，是保证企业生产过程顺利进行的必要条件，是提高企业经济效益的重要途径。因此，需要改善仓库管理功能，注重仓库信息化和标准化建设，注重仓库自动化和智能化建设。

1. 加强仓储管理基础工作

加强仓储管理各个基本环节，设备、物资验收、入库、出库等一些基本环节，是仓储业务活动的主要内容，这些基本环节工作质量的好坏直接关系到整个仓储工作的质量。通过认真分析查找仓储管理工作的薄弱环节，建立健全仓库管理质量保证体系，加强库存设备、物资的保养工作，确保库存设备、物资的完好。及时盘点、清查库存设备、物资情况，符合报废处理条件的，及时进行报废处理。

2. 改造建设现代化仓储设施

借鉴先进的仓储管理理念，通过更新改造，建立现代化的仓储设施，消除安全隐患。同时开发功能更加完备、更加适应枢纽运行管理需要的物资管理系统，提高物资管理的信息化、自动化和智能化水平。

争取尽快完成仓储设施升级改造，提升仓储空间利用率；将1号仓库按照现代化仓库标准进行改造，建设成恒温、恒湿、通风、防火等符合现代仓储标准的库房；建成仓储物资管理信息系统，将条码引入仓库管理，解决库房信息陈旧滞后的弊病；建设仓库消防安全防控系统；升级改造现有物资管理系统。

3. 提升仓储管理人员素质

加大仓储管理人员的业务培训，开展业务演练、技能比赛等活动，提升仓储管理人员的业务能力和工作质量。

（二）供水、供电系统管理工作思路

1. 夯实安全管理基础，深化精细化管理，持续提升运行管理水平

重视安全生产管理工作。坚持“一岗双责”制度，严格安全生产监督和考核，定期开展隐患排查，及时消除安全隐患，结合生产实际，定期开展典型案例分析，提高安全防范意识和事故处理能力。组织广大职工主动参与危险源辨识活动，从人员、设备、环境、管

理四个方面深入开展，增强生产人员的安全敏感性，制定有针对性的防控措施，实现风险的超前防控。

完善内部考核机制。建立有效的激励约束机制，激励职工立足岗位、做好本职工作。完善月度考核管理办法，进一步下放基层组织的裁量权，根据标准对每位职工的工作业绩进行考核，根据考核结果进行奖金分配。

对照行业先进推进达标工作。定期对照行业内标杆企业的指标体系，查找、分析差距，改进管理方式和方法，努力推进达标工作，促进管理水平的持续提高。管理工作逐步实现电子化、信息化，包括供水供电生产、日常管理、“两票”管理、设备档案、设备缺陷、设备检修、物资采购、备品备件等工作实现电子化、信息化。

2. 加强设备技术管理，加大更新改造力度，提升信息化装备和可靠水平

加强设备技术管理。精细化日常生产管理和技术管理工作，完善设备技术档案，树立设备全寿命周期管理理念。建立设备台账、巡检报告、缺陷记录等信息共享平台，规范检修管理，建立健全技术管理规章制度，定期修订规程规范，大力推动技术资料电子化、信息化和数字化。通过定期开展设备维护检修和预防性试验，对照历史数据，加强设备状态分析，全面掌握设备状况，适时开展设备预防性检修，有效降低故障发生率。

推行标准化作业。建立健全检修维护工作的标准化作业指导书，从技术组织措施、检修工艺流程、危险源分析预控等方面规范标准化作业。定期开展标准化作业评估，根据设备、技术条件变化情况不断改进。制定设备巡检工作标准，做到巡检规范化。对巡检内容、巡检周期、巡检路线进行优化，确保巡检不留死角，做到运行设备全覆盖。建立完善的设备巡检系统，实现设备巡检的信息化和智能化，有效提高巡检质量和效率，为设备的超前控制奠定良好基础。

加大设备更新改造力度。通过加大设备更新改造力度，提高设

备的信息化和安全可靠性水平，实现设备本质安全。通过综合自动化改造和智能化改造，大力引进智能高压电气设备、控制设备和仪器仪表。积极推动免维护技术、网络技术、数字技术在控制设备和辅助设备上的应用，实现生产过程的智能化、可视化，减少工作人员的劳动强度，降低人在生产流程中的参与度。

3. 加强辅助经济合同管理，完善考核指标体系，通过招标选择好运行队伍

加强对辅助经济合同实施单位的监管工作。按照“六个一流”的目标要求和小浪底管理中心对枢纽运行管理工作的新要求，通过加强对辅助经济合同实施单位日常生产工作的监督管理，进一步提高工作标准和生产保障工作的可靠性水平。

完善对辅助经济合同实施单位的考核指标。通过分析、总结对辅助经济合同实施单位的工作考核，不断修订完善考核指标体系，使考核指标切实可行，考核结果能够真正起到激励作用。

通过招标选择适合的辅助经济合同单位，要深入分析总结合同执行过程中的经验与不足，提前准备好辅助经济合同单位招标选择工作，吸收经验、改进不足，每 2 ~ 3 年公开招标选择一次辅助经济合同单位。加强对辅助经济合同单位的管理，建立切实可行的生产指标考核体系，激励辅助经济合同单位不断提升整体队伍技术水平和工作质量。

管理类

GUANLI LEI

综合管理

ZONGHE GUANLI

提文献

一、综合管理基本情况

开发公司综合部负责文电、会务、机要、督办等机关日常工作；负责制度、保密、信访、扶贫、外事、法律事务管理；负责相关企业商标管理；负责公司内外部关系协调及相关事务的处理。下设文秘科和行政科，并对北京办事处进行管理。

二、综合管理主要工作

开发公司综合部成立以来主要开展了以下6个方面工作。

（一）制度管理

制度建设是现代企业立足之本，也是实现规范管理的重要保证。根据国家法律、法规和政策调整、小浪底管理中心深化改革和开发公司按照新体制运行管理以来的实际情况，综合部与公司各部门（单位）共同完成了管理制度制定、修订等工作。公司形成了14大类152项涵盖公司生产、管理、经营、服务等全方位的管理制度体系，并积极开展制度宣贯，严格制度贯彻执行，为公司理顺管理关系、规范管理程序、明确管理责任、促进科学发展打下了良好基础。

（二）公文管理

在开发公司公文管理工作中，我们主要抓了四个方面的工作：

一是抓干部职工公文处理能力的提升，通过组织专题讲座、座谈交流、网上辅导等形式，对处级干部和公文处理人员开展了公文基础知识、公文写作、电子公文流程处理等方面的培训。二是建立公文模板，针对公司运作初期各项文字材料格式不统一问题，确定了日常文字材料格式；对各部门（单位）常用的公文类型，逐一沟通共同确立了公文模板。三是严格审核把关，对公司重要的内部公文和所有对外公文实行秘书、科长、副部长、部长四级把关制度；办理公文中发现的问题及时与相关部门进行沟通、指导并共同修改。四是明确公文考核，在公司领导的支持下，对公文质量和处理时限明确了严格的考核措施。

（三）行政管理

深入贯彻中央"八项规定"精神等正风肃纪一系列文件精神，严格按照中央、水利部及小浪底管理中心的要求，努力精简数量、简化程序、完善环节、节约费用，规范会议管理；对公司业务接待工作，按照务实高效原则，严格审批程序、控制接待费用，近两年会议、业务接待费用大幅度下降。对北京办事处食宿差旅费报销、公务用车等问题进行专题研究，完善了北京办事处管理制度，管理和服务更加规范。

（四）协调联络

确定了对上协调多汇报、对外协调多沟通、对内协调多服务的工作思路，充分发挥综合部承接上下、联系内外、协调左右的中枢作用，为公司发展创造良好环境。平时注重与小浪底管理中心各部门特别是办公室的沟通联系，保持经常性的请示汇报和咨询联络机制，赢得上级的理解和支持。强化与地方政府部门和业务联系单位的交流，营造良好的外部环境。通过认真研究和讨论，建立了与投资公司的沟通协调机制，为两个公司沟通协调、解决问题搭建了有效平台。

（五）履职尽责

对综合部职责范围内的督察、保密、信访、行政、法律事务、对口扶贫、办公平台管理等工作，强化服务意识，全面履行职责。通过督察通知、专报、月报等措施，对140余项重点工作进行了督办，促进了小浪底管理中心和开发公司各项决策部署的落实。通过完善制度、健全网络、配齐软硬件设备，进一步规范了保密和信访管理。深入开展对口援藏工作，顺利完成了洛阳市嵩县下寺村和栾川县张村等村庄的精神文明帮扶和扶贫工作。根据组织机构调整情况，优化调整了办公平台栏目设置。按照公司安排，全面负责“六个一流”论坛组稿工作，参与审核修改相关稿件。

（六）队伍建设管理

全面创建“六个一流”，各项工作坚持高标准、严要求、重落实，发挥领导干部的示范带头作用，倡导敬业奉献、精细求实、吃苦耐劳的部门风气，打造作风优良、团结高效的工作团队。利用各种机会、通过多种形式了解职工工作、学习、生活、家庭情况，掌握职工思想动态，帮助解决实际问题，始终保持职工队伍良好的精神状态。在组织学习各项理论和业务知识的同时，加强日常业务指导，部门内部分工不分家，为职工提供多岗位锻炼机会，有意识为年轻人定任务、提要求、压担子，促使大家在工作中学习、在实践中提高。

三、综合管理中存在的主要问题

一是工作的预见性、前瞻性以及计划性需要进一步提高，参谋助手作用有待增强。

二是对政策法规和规章制度的把握能力需要进一步增强，特别是对国家新出台的一系列政策措施如何结合实际贯彻落实需要深入研究。

三是工作质量和效率需要进一步提高，工作中还存在文件和会议数量过多、部分公文把关不严、督办事项落实不到位等问题。

四、综合管理工作所面临的新形势

（一）国家宏观形势

党的十八大以来，党中央提出了“四个全面”的战略布局，深入推进一系列改革措施，出台了“八项规定”、“六项禁令”、“六个不准”、“厉行节约、反对浪费”、反对“四风”和“三严三实”等一系列整风肃纪的制度和举措，从精简会议文件、改进文风会风、强化保密管理、规范信访程序、严格公务接待、停止新建楼堂馆所、清理办公用房等方面，对综合管理工作提出了很多具体要求，我们需要认真学习领会，完善制度，确保严格执行国家政策。

（二）水利发展形势

以习近平为总书记的党中央高度重视水利工作，把水利作为生态文明建设的重要内容，明确提出“节水优先、空间均衡、系统治理、两手发力”的新时期水利工作方针。李克强总理两次召开国务院常务会议，对加快推进重大水利工程建设做出全面部署。各级水利部门深入贯彻落实中央兴水惠民决策部署，大力发展民生水利，全社会治水兴水高潮迭起，为促进经济社会持续稳定健康发展提供了有力的水利支撑和保障。水利系统各办公室以抓落实为重点，认真履行综合协调、审核把关、督察督办、服务保障等职责，取得了积极成效。

在 2015 年 4 月召开的水利办公室座谈会上，水利部党组成员周学文对水利办公室工作提出了明确要求：一是要围绕中心、服务大局，把抓落实放在水利办公室更加突出的位置。要求要准确把握工作重点，不断创新抓落实工作方法，切实加强抓落实督察力度。二是要统筹兼顾、突出重点，全面提高水利办公室工作科学化水平。要求立足水利全局，在发挥参谋助手上下功夫；统筹协调各方，在凝聚强大工作合力上下功夫；狠抓制度建设，在强化内部规范管理上下功夫；强化服务意识，在提升服务保障水平上下功夫；创新工作思路，在保障机构高效运转上下功夫。三是要凝神聚气，真抓实干，切实加强水利办公室队伍建设。要求加强思想建设，确保政治可靠；增强法制意识，带头依法行政；加强学习，提高综合素质；锤炼品德作风，始终恪尽职守；深入基层一线，加强调查研究；坚持廉洁奉公，筑牢思想防线。我们需要抓住参谋助手、审核把关、服务保障等关键环节，着力在强化管理、提升形象、争创一流上下功夫，努力提高综合管理水平。

（三）小浪底管理中心发展形势

小浪底管理中心体制改革后，形成“一中心、两企业”的管理格局，开发公司实现扁平化管理，管理思路、管理方式等都发生了变化。小浪底管理中心“四五”规划和开发公司“一五”规划制订实施，明确了今后五年发展战略、发展目标、主要任务和保障措施，描绘了美好蓝图。我们肩负“管好民生工程”使命，面对大型水利水电工程开发运营管理典范目标要求，作为综合管理部门，需要站位大局，转变思想观念、思维方式和工作方法，继续强化政策研究、加大沟通协调，狠抓任务落实、增强工作效能，积极推动工作效率提升和公司高效运转。

五、下一步工作思路

认真学习党的十八大及十八届三中、四中全会精神，贯彻落实好小浪底管理中心和开发公司的工作部署，以“六个一流”为目标，按照“落实、规范、提升”工作主线，切实履行好“参与政务、管理事务、搞好服务”的基本职能，规范高效做好“办文、办会、办事”等日常工作，努力实现各项工作“服务更优、效率更高、效果更好”的目标。

（一）立足全局抓好政策研究

从高处着眼、从宏观考虑、从大局出发，切实加强国家政策和法律法规、水利部工作要求和小浪底管理中心工作部署的学习、研究，善于把握宏观形势变化，深入理解政策和决策的精神实质，确保政策、法规、制度、工作部署和实践要求理解到位、宣贯到位；从小浪底管理中心和开发公司发展大局出发，积极想问题、出主意、提建议；紧密联系工作实际，不断健全完善各项规章制度，确保满足上级相关规定要求，切实做到用制度规范管理、优化流程。加强政策和制度执行情况督促检查和监督考核，不断强化制度执行效果，真正做到用制度管人、按制度办事、靠制度规范行为。

（二）突出重点抓好督办落实

按照“突出重点、限时办结、注重实效”的原则，以小浪底管理中心和开发公司的各项重要决策落地为督办工作的重中之重，在抓常、抓细、抓长上下功夫，确保落实到位。以公司各阶段重点工作、小浪底管理中心明确的督办任务、行政例会部署的重要工作为重点，加强沟通协调，及时发现并解决问题，做到件件有结果、事事有反馈。以提高督办实效为目标，强化督察督办工作的严肃性，严格考核奖罚及责任追究。

（三）科学规范做好公文处理

在精简公文数量、提升公文质量、提高运转效率上下功夫。认真研究优化工作程序，积极与上级有关部门沟通，尽量合并精简上行公文，对下行和平行公文严格把关，可发可不发的坚决不发。以办公自动化系统升级改造为契机，进一步理顺公文流程，优化部门（单位）之间公文运转关系，严格落实公文处理限时办结制，提升公文运转效率。通过强化部门会签、领导把关、质量考核等措施，切实提高公文质量。根据公文处理中发现的问题，有针对性地组织公文写作和处理培训，提高公司公文处理的整体水平。在文稿质量方面，吃透上级精神、领会领导意图，积极把握工作动态、熟悉各部门工作情况，力求文稿内容更实、文风更新、针对性更强。

（四）积极主动做好综合协调

综合协调贵在平时、重在时效。围绕“管好民生工程，支撑多元发展”战略和企业发展总体规划，理清工作思路，深入开展调查调研，做好上传下达、信息反馈，为领导决策提供及时、准确、有效信息，充分发挥参谋助手作用。加强与上级部门的沟通和汇报，掌握政策，吃透上情，反映下情，保持高效顺畅的请示报告机制。加强与地方政府部门和业务相关单位的沟通联络，及时通报信息、密切联系、统筹协调，保证各项业务正常开展。以解决实际问题、沟通交流信息为重点，继续抓好与投资公司沟通协调机制的落实。围绕重点、关注热点、解决难点，加强开发公司内部各部门（单位）间的协调，构建和谐、高效、有序的工作关系。

（五）统筹兼顾做好各项服务

综合管理无小事。对于综合部归口管理的保密、信访、对口帮扶、法律事务、行政管理、办公平台管理等工作，坚持从小浪底管理中心和开发公司发展大局去思考、筹划、安排和处理工作，区分轻重缓急，抓好关键环节，不断提高服务质量。既充分发挥主导作用、严格执行制度、强化服务意识，又明确各相关单位管理责任和管理程序、充分调动各方积极性，形成统一管理、分工明确、各负其责的管理模式，促进各项工作的落实。贯彻落实中央“八项规定”精神，按照转变作风、厉行节约、规范高效的要求，严格业务接待和会议管理，进一步研究改善北京办事处管理。

（六）提高认识抓好能力建设

深入学习贯彻习近平总书记视察中办时提出的“五个坚持”，把绝对忠诚作为第一品格，把服务大局作为第一使命，把极端负责作为第一要求，把无私奉献作为第一追求，把廉洁自律作为第一防线，着力增强干部职工队伍思想和业务能力建设。强化一岗多责、一专多能、协作配合、服务为先的工作理念，建立职责清晰、目标明确、程序规范、精简高效、落实有力的管理机制；大力倡导求真务实、勤俭节约、廉洁自律、密切联系群众的良好作风，争做改进文风会风、厉行节约、真抓实干、勇于担责的典范。

企业文化建设

QIYE WENHUA JIANSHE

刘红宝

一、企业文化建设基本情况

开发公司成立于 1989 年，1992 年与原小浪底建管局合署办公，实行一套人马、两块牌子的管理模式，共同承担小浪底工程的建设管理工作。建设历程和内容一致，相应地，企业文化也同体共生。企业文化建设各阶段情况如下。

（一）文化萌芽阶段（1991～1994 年，即小浪底水利枢纽前期工程建设期）

结合条件艰苦、任务艰巨的实际和“三年任务两年完成”的前期工程建设目标，适时提出“艰苦奋斗、为国争光”的号召，并把它确立为全局精神和信念的支撑，带领全体建设者住窑洞、餐工棚、饮积雪，大干苦干，高质量完成全部前期建设任务。这时期的文化体现出一种初始阶段的创业文化特质。

（二）文化发展阶段（1995～2001 年，即小浪底水利枢纽主体工程建设期）

面对来自 51 个国家和地区的 700 多名外国人与上万名中国建设者，面对中西方文化的全面交融和激烈碰撞，面对艰巨的工程建设任务，大力弘扬以“爱国主义”为核心的小浪底精神，响亮提出了“两个五湖四海”“在外国人面前我们是中国人，在中国人面前我们是小浪底人”等口号，以强有力的文化力统一思想、凝聚力量，高质量地完成了全部工程建设任务，取得了工期提前、投资节约、质量优良的优异成绩。这时期的文化体现出一种具有小浪底特色的工程建设文化，整体上有所规范，但还不系统、不全面。

（三）文化提升阶段（2002～2012 年，即小浪底水利枢纽运行管理阶段）

2002 年，小浪底工程正式进入运行期，经过两年的探索，从 2004 年开始，聘请专业公司对工程建设期形成的工程建设文化进行了系统的总结和提炼，经过认真研究，制定了《小浪底建管局企业文化规划》，包括《分析研究报告》《文化纲要》《VI 系统及使用规范》《行动纲要》《制度修订建议》五部分，形成了包括理念、行为和形象识别等为主要内容的新的企业文化体系。并分导入期、深化期、推广期、调整期四个阶段分步推进。这个阶段的文化体现为具有水利特色的现代组织管理文化。

2012 年底，开发公司开始按照新的管理体制运转，全面承担起小浪底水利枢纽和西霞院反调节水库的运行管理任务。开发公司在原有的文化体系基础上，紧密结合新的工作机制，对企业文化进行进一步巩固和提升：积极落实“管好民生工程，服务中心发展”战略；强化教育，引导职工树立大局意识，思想上形分神不散；以人为本，注重发挥干部职工的积极性和主动性，大力推进企业民主管理；完善规章制度，健全科学管用的制度体系，大力推进企业科学管理；强化企业理念，规范运作，健全现代企业管理机制，大力推进企业规范管理。

二、开发公司文化建设面临的新情况

随着经济社会发展、企业管理体制改革、职工认知水平提高，开发公司企业文化建设出现了一些新变化，面临着一些新情况。

（一）文化建设的新环境

党的十八大报告明确指出："全面建成小康社会，实现中华民族伟大复兴，必须推动社会主义文化大发展大繁荣，兴起社会主义文化建设新高潮，"并从四个方面对加强文化建设做出了具体部署。党的十八届三中全会指出："紧紧围绕建设社会主义核心价值体系、社会主义文化强国深化文化体制改革，加快完善文化管理体制和文化生产经营机制，建立健全现代公共文化服务体系、现代文化市场体系，推动社会主义文化大发展大繁荣。"水利部《水文化建设规划纲要》的出台，标志着水文化建设有了顶层设计，成为水利部党组推进水文化建设的重要抓手。小浪底管理中心从2013年开始，启动了新一轮的文化建设工作，这也为开发公司文化建设指明了方向，提出了新要求。

（二）相关企业文化建设的新发展

随着社会的改革发展和人们思想认识的不断提高，各知名企业都越来越重视企业文化建设。同仁堂是我国中药行业著名的老字号，历代同仁堂人一直恪守"炮制虽繁必不敢省人工，品味虽贵必不敢减物力"的传统古训，确保了同仁堂金字招牌长盛不衰。蒙牛集团提出了"文化是企业的第二生产力"的理念，大力推进文化建设，使蒙牛乳业成为中国液态奶的销售冠军。中国华能集团开展了"三色文化"建设，努力把华能集团打造成为中国特色社会主义服务的"红色"公司；注重科技、保护环境的"绿色"公司；坚持与时俱进、学习创新、面向世界的"蓝色"公司，走出了一条"文化强企"的新路子。三峡集团公司积极提出并践行"为社会提供清洁能源，与环境友好相处，发挥长江流域综合效益中起主导作用的国内领先、国际一流的大型清洁能源集团"企业文化愿景。

（三）开发公司改革发展的新要求

开发公司承担着管好民生工程的重要职责，但新体制正式运转时间很短，虽然我们做了大量的工作，确保了枢纽的安全稳定运行和企业规范运转，但工作质量和成效还需要进一步提高，组织机构还在进一步优化，人员还在进一步调整，工作机制还在进一步理顺，职工思想还需要进一步统一。这就必须发挥企业文化强有力的凝聚、规范、约束等作用，用文化支撑统一思想、凝聚力量，促进各项工作任务的顺利完成。同时，随着经济社会的快速发展，职工对精神文化需求也提出了更高的要求。广大职工求知、求美、求和谐发展的愿望越来越强烈，迫切希望通过企业文化建设，创造出更加健康有益的文化产品。

三、企业文化建设中存在的难点

结合开发公司改革发展的实际，在企业文化建设方面存在以下问题：

（1）小浪底管理中心开始了新一轮的文化建设工作，将对原有的文化体系进行完善。面对新的文化体系，开发公司文化建设需要明确哪些必须与小浪底管理中心保持一致，哪些可以有自己的特点。

（2）在小浪底管理中心文化体系框架下，要提炼既符合开发公司实际，又具有特色的文化体系，具有一定的难度，还需要下一番硬功夫。

（3）开发公司广大职工已经习惯原有的带有事业性质的文化思维，要全部转变成企业性质的文化理念，在思想观念转变上有一个适应的过程，还有很多具体工作要做。

四、开发公司企业文化建设的初步思路

为充分发挥企业文化的导向、凝聚、激励、约束等作用，促进开发公司争创“六个一流”和科学和谐发展，初步提出以下企业文化建设思路。

（一）总体目标

（1）建设现代企业一流文化；

（2）打造民生工程管理品牌。

（二）具体目标

（1）先进的企业文化精神理念；

（2）标准的企业文化行为规范；

（3）健全的企业文化识别系统；

（4）良好的企业文化形象品牌。

（三）内涵

1. 文化引领

文化规划系统。文化建设规划系统、全面，涵盖精神、制度、行为三个层面，涉及开发公司主要业务和重要环节。

贯彻落实到位。全面贯彻落实文化建设规划，文化力的引领和带动作用充分发挥。

2. 理念塑造

理念清晰。企业的愿景、使命、精神、价值观、发展战略和目标等理念清晰，符合企业发展实际。

塑造深入。企业理念深入人心，成为企业职工的潜意识和自觉行为。

3. 意识凝聚

意识明确。企业的工作意识、安全意识、效益意识、追求卓越意识、和谐发展意识明确，符合企业发展要求。

凝聚牢固。企业意识成为凝聚职工思想的重要力量，达到统一思想，凝聚力量，鼓舞斗志，促进工作的目的。

4. 行为规范

规范健全。枢纽运行管理、后勤保障、安全保卫等主要工作规范健全、完善，职工行为规范得体。

执行得力。职工行为规范得到全面学习和落实，工作要求和工作程序执行严格。

（四）企业文化建设工作措施

1. 抓规划，确立引领发展的文化战略

制定《黄河水利水电开发总公司企业文化建设规划》，包括《分析研究报告》《文化纲要》《VI 系统及使用规范》。形成包括理念、行为和视觉识别等为主要内容的新的企业文化建设体系。分阶段逐步推进，在不同的阶段，再进一步制订详细的贯彻落实方案。

2. 抓灵魂，培育符合实际的文化理念

通过专题培训、会议宣讲等方式，教育引导职工树立和践行企业的愿景、使命、精神、价值观、发展战略等，使职工牢记使命，增强责任意识、使命意识、忧患意识，树立大局观念，统一认识，凝聚智慧，为企业改革发展贡献力量。

3. 抓人才，提升干部职工文化素养

推进企业科学和谐发展，关键靠人才。在企业文化建设中，必须加大人才培养力度，通过开展脱产培训、知识讲座、挂职锻炼、岗位交流、科技人才选拔等活动，积极营造干事有舞台、奉献有成就、发展有空间的良好氛围，提升职工的综合文化素养。

4. 抓制度，规范融入管理的文化行为

根据开发公司发展实际，每 2～3 年对制度进行全方位修订完善，将企业的理念、精神等融入到制度的方方面面，使制度涵盖开发公司各个工作环节和步骤，成为干部职工的“行为准则”和企业“精细化”管理的硬性规范，实现企业文化规划“落地生根”。

5. 抓统筹，建设统一多样的文化格局

坚持建设统一多样的文化格局，用统一的开发公司文化统领整个文化建设，用多样的部门文化丰富企业文化。在统一方面做到“五个一”，即统一文化理念，统一文化标识，统一文化平台，统一文化行为，统一文化大型活动。在统一的格局下，各部门（单位）结合自身实际，建设丰富多样的部门文化、班组文化。

6. 抓氛围，营造催人奋进的文化环境

按照小浪底管理中心的统一要求，建好文化标识，主要包括徽标、旗帜、标准色以及带有标识的办公用品等，全方位打造视觉识别系统。制作企业形象宣传片，出版科技和文学书籍，撰写专题深度报道，营造良好的舆论氛围。组织大型文化活动、职工体育运动会、文化讲坛、文体比赛，通过丰富的文体生活陶冶情操、营造氛围。

枢纽管理区综合规划思路

SHUNIU GUANLIQU ZONGHE GUIHUA SILU

薛喜文

一、目前规划现状

（一）规划的概念

1. 定义

规划就是谋划、策划、筹划，即全面或长远的计划，是对未来整体性、长期性、基本性问题的思考、考量和设计未来整套行动方案。规划按不同的要求可分为各种不同性质的规划，如科研规划、城市规划、发展规划等。

2. 规划的分类

按内容性质分，有总体规划和专项规划，如《小浪底水利枢纽工程生态保护系统规划》《小浪底建管局安全生产发展专项规划(2010～2014)》。

按管辖范围分，有全国发展规划和机关、企事业单位的部门发展规划，如2012年6月国家发布的《水利发展规划（2011～2015年)》。

按时间分，有远景规划和短期规划。

3. 开发公司规划的分类

开发公司规划分为公司发展规划、总体规划和专项规划。公司发展规划是指开发公司发展战略规划；总体规划是指小浪底水利枢纽和西霞院反调节水库管理区的规划；专项规划是指开发公司各部门（单位）根据主管业务编制的技术、安全、人力资源、文化等专项规划。

总体规划应在发展规划基础上编制，与发展规划相互衔接，相互协调。

（二）总体规划的制订

小浪底水利枢纽工程建成投运后，枢纽管理区内的交通、生活设施、生产设施、绿化保护等已初具规模；小浪底水利枢纽风景区建设也初具成效。为把小浪底水利枢纽管理区建设成为具有运行管理、生态保护、水土保持、专业考察与爱国主义教育复合功能的水利枢纽管理区，组织编制了“小浪底水利枢纽工程生态保护系统总体规划”和“小浪底水利枢纽工程生态保护概念性详细规划”，规划依托已经形成的工程资源和生态资源，以满足枢纽运行管理需要为基础，以水土保持和生态保护为目的，通过对区域建设条件、运行管理和发展需求的客观分析，明确枢纽管理区总体开发方向，提出各功能区的功能定位与建设内容，以指导枢纽管理区内的资源开发利用、环境建设和运行管理工作。

1. 规划内容与范围

整个规划分为两个层面：

（1）概念性总体规划。以满足枢纽运行管理为前提，以水土保持、环境保护为出发点，结合现状建设条件，确定枢纽管理区未来发展方向。

（2）概念性详细规划。根据总体规划确定的小浪底水利枢纽管理区的空间发展战略、总体布局和配套设施的设置，对各部分区域分别进行详细规划，便于进行开发实施。

2. 规划的原则

（1）运行管理优先原则。枢纽管理区总体规划及配套设施建设以满足枢纽运行管理需要为前提。

（2）生态保护优先原则。枢纽管理区的建设坚持生态保护优先原则，以生态保护为前提，适度、有序地进行生态资源的开发，保持原有自然山水的特质。

（3）分步实施原则。区内多为山地，面积较大。区域建设应坚持总体规划、分步实施的原则，避免重复建设，便于资源的优化配置，对环境破坏最小，更有利于生态环境保护和恢复。

（4）突出特色原则。突出特色是区域发展的根本，也是资源开发必须遵循的原则。突出特色原则就是突出小浪底水利工程资源特色和生态环境特色，优化开发结构和层次，建设独具特色的枢纽管理区。

3. 规划期限

规划期限为2009～2030年，其中近期为2009～2014年，中期为2015～2020年，远期为2021～2030年。

4. 战略发展构想

总体战略发展构想见图1。

5. 空间发展战略

根据小浪底水利枢纽管理区的资源特色及发展现状，结合未来发展趋势，小浪底水利枢纽管理区的空间发展战略可以概括为“一轴、二带、三区”。

一轴——空间发展轴：是指小浪底和西霞院工程之间绵延16 km的河段，以水为纽带形成自西向东展开的景观空间发展主轴，通过这一主轴将二带和三区进行整合，串联为一个有机的整体。

二带——滨水生态景观带：指沿河段两侧分布的滨河生态景观带。这两条滨水生态景观带与生态发展主轴相呼应，不仅保证了库区水体两侧景观界面的完整性和连贯性，而且同时为区域的可持续发展提供保障。

三区——主题各异的功能区：指分布于整个规划范围内的三个不同主题的功能区，分别是以小浪底工程为主题的工程文化区，以

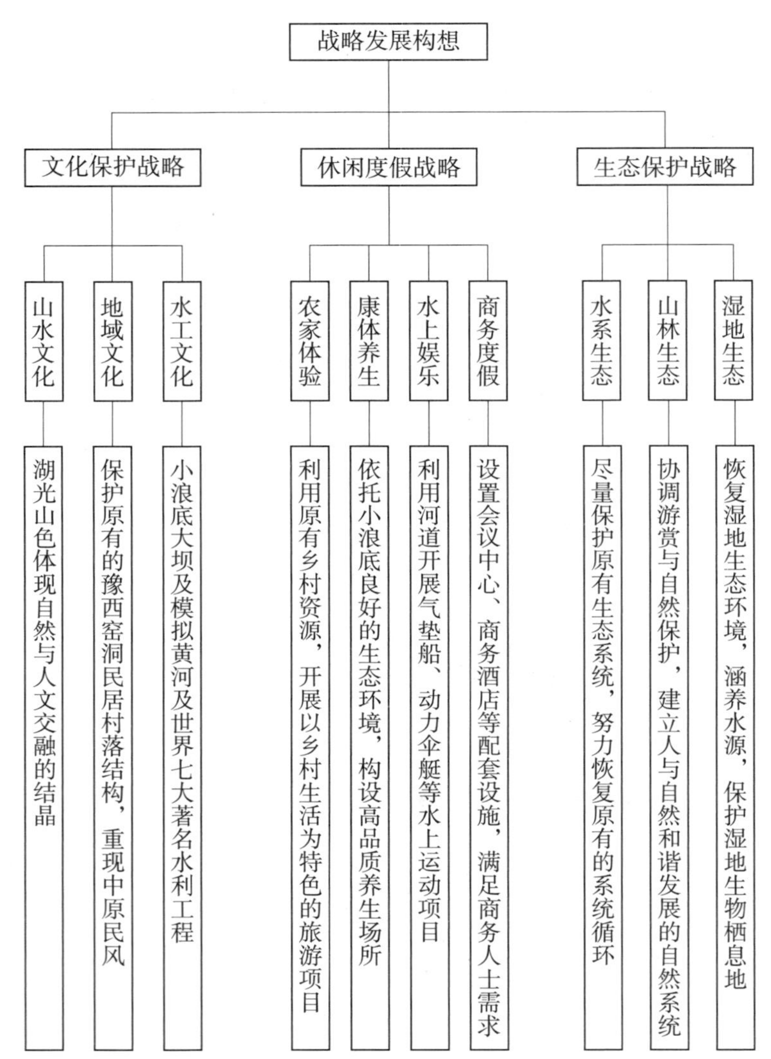

图1　总体战略发展构想图

翠绿湖为节点的生态保护区，以西霞院大坝为主题的生态体验区。这三个功能区分别以工程文化、休闲生态、生态体验功能为主体，三区联动开发，形成功能互补、特色各异、相互融合的空间发展格局（见图2）。

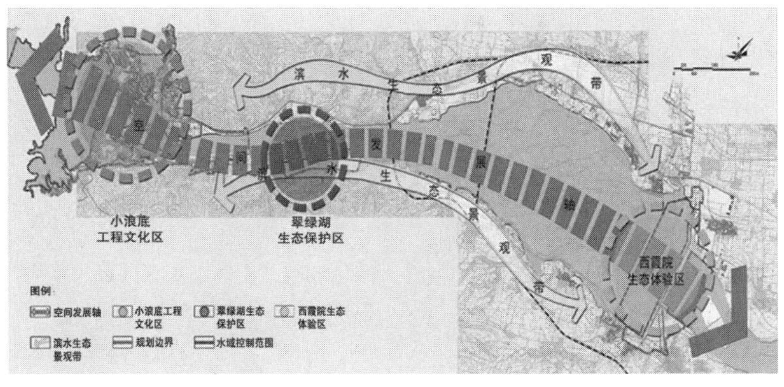

图2　空间发展格局

6. 功能区划分与定位

根据空间发展战略，将整个规划区分为三大功能区，分别体现了小浪底的文化特色，翠绿湖的休闲特色和西霞院的生态特色。各功能区定位如下：

（1）小浪底工程文化区。在枢纽管理区现状基础上，兼顾运行管理、生态环境建设和治理开发三个方面，对区域内用地功能统筹规划、合理布局，使区域内功能分区更加合理，基础设施更加完善，文化特色更加突出。在发挥小浪底工程科普教育、爱国主义教育等功能的基础上，进一步完善接待配套服务设施，形成功能完善、管理先进、环境优美、生态平衡的综合性区域。

（2）翠绿湖生态保护区。结合现状土地水面资源和用地条件，开展水土治理、生态保护，合理利用区域内土地开展生态园、鸟类标本馆、绿色蔬菜种植等项目；结合大面积的水域开展水面养殖；结合自然优美的山水环境开发湿地观鸟、休闲垂钓等活动，突出翠绿湖生态保护区的休闲特色。

（3）西霞院生态体验区。该区域以西霞院大坝为主体，规划恢复坝后两岸的生态环境，与下游黄河国家湿地自然保护区融为一体。在现有生态环境的基础上进行生态建设，增强区内生态系统的多样性和完整性，以此开展生态观光及体验类项目，形成以大坝观光、生态（湿地）体验为主要功能的生态型区域（见图3）。

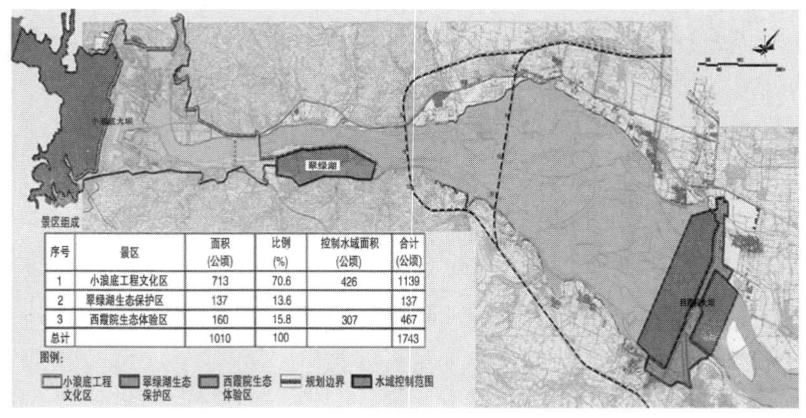

序号	景区	面积（公顷）	比例（%）	控制水域面积（公顷）	合计（公顷）
1	小浪底工程文化区	713	70.6	426	1139
2	翠绿湖生态保护区	137	13.6		137
3	西霞院生态体验区	160	15.8	307	467
总计		1010	100		1743

图3　功能区划分与定位

（三）总体规划的实施情况

在总体规划指导下，按照总体规划、分步实施的原则，对需要建设的区域进行详细规划并逐年实施，实施情况如下。

1. 西霞院反调节水库管理区生态保护区建设

西霞院反调节水库管理区生态保护区系统建设以坝后区域的生态恢复和生态保护为基本规划原则。南岸规划理念为山水相生，北岸规划理念为自然生态。在功能定位上右岸是以休闲观光功能为主，左岸是以生态湿地保护为主，主要规划内容是水系开挖、地形塑造、植物配置、节点处理及配套设施建设。工程于2011年3月开工建设，2012年底主要工程完工。

2. 翠绿湖生态保护区建设

翠绿湖生态保护区建设的规划理念为生态保护、绿化优化，规划方案以生态保护为前提和原则，通过对现状环境的科学梳理，使得地形地貌和植物配置更为协调美观，道路和设施更加人性化。主要建设规划内容为水系开挖、地形塑造、植物配置及流线梳理。翠绿湖生态保护区于2011年11月开工建设，2012年底主要工程完工。

3. 小浪底水利枢纽管理区规划建设

为完善小浪底水利枢纽管理区的建设管理功能，提升枢纽管理区的环境品质，开发公司着力提升和完善枢纽管理区的基础设施和整体环境。完成了桥沟生活区、东山基地员工生活区、维修中心生活区的房屋改造和环境整治工作，使生活区内环境优美、设施完善、功能齐全；按照规划开展了文化馆、防汛交通桥等项目的建设。已完成的主要规划项目有：

（1）东山教学实习基地房屋改造项目。为改善员工住宿条件，在东山教学实习基地房屋进行了员工宿舍区的改造建设，东山教学实习基地房屋改造规划包括1～5号东山公寓楼、岩心库、餐厅和淋浴房工程，总建筑面积为24 658 m^2。项目于2011年7月开工建设，2012年10月完工。

（2）枢纽维修中心房屋改造项目。枢纽维修中心生活区房屋规划包括1～5号员工宿舍楼、食堂及淋浴房工程，总建筑面积为8 510 m^2，项目从2011年7月开工建设，2012年9月完工。

（3）桥沟生活区西一区房屋改造。西一区占地面积220亩（1亩＝1/15 hm^2），分为小浪底工程科研基地、小浪底工程教育基地1号院、2号院，西一区于2011年开始逐年进行房屋改造工作，至2015年房屋改造工作全部完成。

（4）文化馆。文化馆主要用于黄河文化、中原文明及小浪底企业文化、工程成就的展示，设计理念来自地域文化中河图洛书的演变，为小浪底坝后保护区标志性的建筑形象。文化馆规划总建筑面积为7 287 m^2，工程于2011年12月开工建设，2013年7月完工（见图4、图5）。

（5）小浪底水利枢纽管理区坝后防汛交通桥。小浪底水利枢纽

图 4　文化馆效果图

图 5　文化馆现场

工程在汛期防汛任务较重，特别是泄水渠部位防汛工作量较大，现有的坝后保护区水文观测桥不能满足防汛交通和安全的需求，为满足泄水渠防汛工作要求，改善坝后保护区左右岸的通行条件，消除安全隐患，在水文观测桥下游 150 m 处新建一座防汛交通桥，该项目现已完工（见图6）。

图6　坝后防汛交通桥效果图

（四）总体规划的实施效果

经过几年的规划建设，小浪底水利枢纽管理区内的生态保护状况良好，生产生活区内的交通道路、房屋等基础设施经过更新改造后更加完善，职工生产生活条件进一步提高；翠绿湖、西霞院两个功能区的生态保护建设已初具规模，区域内的绿化、灌溉、水土保持、道路等都已完成，地形地貌与植物配置更加协调，基础设施更加完善，生态效果显著；总体规划的近期规划目标已基本实现，实施效果达到预期效果。

二、存在问题及原因

（1）总体规划的前瞻性不够。规划一般期限较长，需要深入研究公司内外部环境的变化，准确把握今后较长时期内的发展趋势，由于实践经验所限，总体规划的前瞻性还略显不足。

（2）规划的约束力需进一步加强。总体规划作为上位规划对配套的区域规划应具有指导性和约束力，但目前区域规划有时变更较随意，要统筹总体规划与区域规划的关系，更加重视总体规划的严肃性和约束力。

（3）部分规划项目实施安排不够科学，实施效果与规划效果不一致。拟定要安排实施的项目，要提前安排拟实施项目的前期规划设计工作。在实施过程中加强现场控制，确保实施效果。

三、国内外先进理念

（1）以人为本的理念。在规划制订中坚持以人为本的原则，规划的目的是为了满足人的需求，因此在规划时必须仔细研究使用者的需求。从区域规划的角度来说就是从居住、工作、交通、游憩四个方面有机地、科学地谋划功能分区的划分和布置，体现鲜明的人本主义思想。

（2）生态和谐理念。规划应根据生态化原理，维持生态平衡，使人与自然环境的关系和谐化，形成互惠共生结构，从而使人与环境和谐、生态良性循环地发展，为未来的发展提供不衰的动力。

（3）可持续发展理念。规划应充分考虑自然资源的供给能力和生态环境的承受能力，注重对环境的保护，充分考虑资源和环境容量对各项发展等方面的影响。加强资源保护性开发，加强对环境的治理和保护，保证整体区域的可持续发展。

四、下一步工作思路

为进一步做好规划工作，根据枢纽管理区现状及为未来发展需求，下一步工作思路如下：

（1）加强人员培训，提升人员素质。规划管理人员要具备前瞻性的规划理念、良好的综合素质、较强的责任意识，要有把握新形势，学习新知识，掌握新理论，解决新问题的能力。一是加强组织培训，多接触、多了解国内外先进的规划理念和方法，不断更新相关知识，提高思想认识水平；二是加强实践锻炼，树立在实践中岗位成才的意识，在规划实践中主动学习、善于钻研，不断积累实践经验，提高规划管理能力。

（2）根据外部环境变化及时对规划进行调整。在规划实施过程中，由于内外部条件的变化，当规划不能适应现状条件时，应根据规划实施情况、效果及存在的问题，及时对规划进行修改或调整。

（3）加强规划的严肃性，加大规划落实力度。规划的实施要彻底，不允许对规划进行随意变更。规划要进行分级控制，由总体规划到详细规划再到方案设计，按照层次逐级细化落实。

（4）做好规划项目的前期工作，超前安排拟实施项目的规划设计工作，加强对前期工作的管理和控制。提高项目的谋划能力，加大项目储备数量；精心挑选具有相应资质和能力的规划设计单位，确保规划方案的技术经济最优。

（5）进一步完善枢纽管理区办公生活区规划。按照“统一规划、相对集中、事企分开、企企分开”的原则，统筹考虑枢纽管理区实际、管理体制改革后的管理格局和各单位实际需求，满足长远发展需要，开展枢纽管理区的办公生活区规划的制订工作。

（6）继续完善职工生活区规划。继续对桥沟东区宿舍楼和小浪底宾馆进行改造，重新规划交通路线、停车场和绿化景观。所有建筑楼群外观按照整体协调的统一风格进行改造，与绿意葱茏的周边环境相协调。

（7）在西霞院坝后生态保护区、翠绿湖生态保护区建设基础上，继续进行绿化美化的补充完善工作，对区域内的水、电、道路、房屋等基础设施进行建设，进一步开发生态保护项目和设施，达到整体美观、功能完善、配套设施齐全、人与自然和谐统一的目标。

（8）进行小浪底水利风景区的总体规划，以水生态文明理念为指导，科学规划有序开发，有效保护水利风景资源，积极营造山更青、水更秀、景更美、人水更和谐的良好生态环境。

合同管理

HETONG GUANLI

薛喜文

一、合同管理概述

合同管理是指以实现合同价值为目的，以合同为管理对象，依照法律、法规等规定，从合同准备、谈判、订立、生效、履行、变更、解除、争议解决、终止直至立卷归档整个过程的管理行为。它可分为三个部分：事前管理（合同形成过程）、事中管理（合同履行过程）和事后管理（如合同不适当履行时，违约责任的处理等）。

合同管理既是企业加强内部管控，防范和化解经营风险，适应市场经济发展，不断提高经营管理水平和经济效益的一项重要工作，又是企业实现依法管企的重要手段。

二、开发公司合同管理现状

在小浪底水利枢纽和西霞院反调节水库竣工验收后，黄河水利水电开发总公司（简称开发公司）的主要职责是在小浪底水利枢纽管理中心的指导和监督下，负责小浪底水利枢纽和西霞院反调节水库的运行管理。其中，合同管理方面主要是负责与小浪底水利枢纽和西霞院反调节水库运行相关的基建、大修、科研等项目及设备物资采购招标及合同管理工作，合同类别主要有建设工程合同、设备（物资）采购合同和工程服务合同等。

三、合同管理体系

开发公司按照综合性与专业性相结合的原则，设立统一的合同管理部门，制定健全的合同管理制度，采用统一归口管理和分类专项管理相结合的方式，形成了分工明确、流程清晰、科学合理的合同管理体系。

（一）实行统一归口管理

规划计划部为开发公司合同主管部门，全面负责开发公司合同管理（劳动用工合同除外）。主要职责是制定合同管理制度，管理合同专用章和合同编号，定期检查和评价合同管理中的各个环节，采取相应控制措施，促进合同的有效履行等。具体包括合同准备及签订、变更处理、支付结算、沟通协调、参加验收移交、资料整理、合同台账登记等。

（二）建立健全合同管理制度

根据开发公司组织机构设置和合同管理流程，除制订总纲式的《黄河水利水电开发总公司合同管理办法》外，还根据合同分类制订《黄河水利水电开发总公司辅助服务类经济合同管理办法》；通过制订《黄河水利水电开发总公司招标管理办法》《黄河水利水电开发总公司非招标采购方式管理办法》，明确了合同主要签订方式。按照《黄河水利水电开发总公司法人授权委托书管理办法》《黄河水利水电开发总公司印信管理规定》等，明确了对外签订合同授权委托和合同专用章使用程序。按照《黄河水利水电开发总公司统计管理办法》《黄河水利水电开发总公司档案管理办法》，明确了开发公司合同文本管理、台账统计管理等要求。

（三）明确职责分工

根据合同管理流程，开发公司合同管理办法明确了公司领导、合同管理部门、项目管理部门、财务部门的职责与分工，建立了与合同管理体系相适应的纵向决策、审批体系，以及横向分工、协作体系。

四、合同管理程序

开发公司在合同管理程序方面严格实行立项、签约单位选择、合同谈判、合同文本拟定、合同会签、合同签订、合同履行、验收支付、统计归档等一整套严密程序。

（一）立项

根据费用来源，开发公司合同主要包括三年滚动计划项目合同和财务预算费用项目合同及其他合同。其中，三年滚动计划项目按照授权管理的规定，需报小浪底枢纽管理中心立项批准后实施，财务预算费用项目的立项报开发公司批准后实施。

（二）签约单位选择

开发公司合同签订的主要形式包括公开招标、邀请招标、竞争性谈判、询价、单一来源、直接委托等方式。

合同签约单位的选择严格遵循《中华人民共和国招标投标法》、《中华人民共和国招标投标法实施条例》及有关配套法律、法规的规定，对于计划投资超过 200 万元的基建、大修和技改项目，计划投资超过 100 万元的固定资产及物资采购项目，计划投资超过 50 万元的科研、咨询及服务类项目，均采用招标方式选择签约单位。

对于未达到招标规模和范围的项目，通过询价、竞争性谈判、单一来源采购和直接委托等方式选择有资格、信誉好、价格合理的单位。

（三）合同谈判

初步确定签约对象后，合同经办部门组织技术、财务等专业人员成立谈判工作小组，在授权范围内与对方进行合同谈判，按照自愿、公平原则，磋商合同内容和条款，明确双方的权利义务和违约责任。

（四）合同文件拟定

开发公司规划计划部负责合同文件的拟定，合同文件依据或参照国家和行业标准合同文件、示范合同文本，结合合同的具体情况、开发公司的管理制度进行编写。合同文件的编制遵循合法合规、公平合理、便于履行、易操作的原则。

（五）合同会签

合同文本拟定工作完成后，需经过双方协商和内部会签审查阶段。开发公司合同内部会签包括合同管理部门、监察部门、财务部门、验收管理部门、项目管理部门、项目接收部门和公司分管项目领导和分管合同领导等环节。审查人员根据自身职责对合同文本的合法性、经济性、可行性和严密性进行重点审核，关注合同的主体、内容和形式是否合法，合同内容是否符合企业的经济利益，对方当事人是否具有履约能力，合同权利和义务、违约责任和争议解决条款是否明确等。合同管理人员需慎重对待审核意见，将审核意见准确无误地加以记录，必要时对合同条款做出修改并再次提交审核。

（六）合同签订

合同经双方法人代表或其授权代表签字并加盖公章（或合同专用章）后生效，按照国家规定需要报备的合同，应当履行相应程序。

（七）合同履行

合同履行阶段主要的工作为履行合同约定的义务、行使合同赋予的权利、监督对方（承包人、服务人、供应商、受托人等）按合同约定及时、全面地履行合同义务，处理合同变更，处理对方提出的索赔，向对方提出反索赔，办理工程进度结算及付款。

开发公司合同变更分为重大变更和非重大变更，重大、重要项目合同实施过程中发生重大变更时，由变更申请单位编写变更申请报告，经项目管理部门牵头组织审查后，由开发公司报小浪底管理中心审批。

其他（非重大）变更由项目管理部门对变更技术方案进行审查，合同管理部门审核变更金额，经开发公司批准后实施。

（八）合同验收及结算阶段

合同实施阶段基本结束后，合同履行进入了竣工验收、竣工结算阶段。主要工作为：整编竣工验收资料、办理竣工验收，清查并汇总工程计量及计价资料、处理遗留商务问题、委托中介机构实施造价审核、办理竣工结算，编制竣工结算报告，支付合同尾款，退还履约保函和质保金等。

（九）合同登记归档

合同登记归档体现了合同全过程封闭管理，合同的签署、履行、结算、补充或变更、解除等均需要进行合同登记造册。合同管理部门提供合同台账并负责管理，同时需利用信息化手段，定期对合同进行统计、分类和归档，详细登记合同的订立、履行和变更、终结等情况，合同完结后应及时办理归档手续，以实现合同的全过程封闭管理。

五、开发公司合同管理面临的形势

（一）合同管理职责在转变

小浪底管理中心体制改革后，开发公司的主要职责由开发建设管理转向运行维护管理，合同管理工作政策性、法律性都很强，开发公司合同管理需要进一步转变观念，适应“一中心、两公司”格局下的管理要求，维护小浪底管理中心整体利益。

（二）合同管理任务繁重而艰巨

小浪底水利枢纽经过十多年的运行，水轮机等机电设备逐步进入了维修和更新改造的高峰期，枢纽管理区的房屋改造和环境整治不断推进，合同管理数量逐年攀升。

（三）合同管理制度不断更新，必须实行动态管理

体制改革后，小浪底管理中心和开发公司对招标、合同和项目管理方面的制度进行了重要修改，合同管理工作需要增强按法律、制度办事的自觉性，加强合同动态管理，防范合同法律、制度风险。

六、目前合同管理工作中存在的问题

合同管理工作目前存在下列四个主要问题：

（1）招标管理工作仍需加强，招标工作规范程度及管理水平与开发公司要求还有相当差距。

（2）合同文本的统一化和标准化有待提高，合同交底工作需要加强。

（3）重视合同静态管理、忽视动态管理，对合同变更、履行跟踪、监督、管理不到位，合同履行中的风险意识、法律意识需要提高。

（4）合同信息化、规范化水平不高，合同管理主要依靠手工管理，处理效率低，已成为制约公司合同管理发展的瓶颈。

七、下一步工作思路

面对新的形势和要求，合同管理工作下一步的主要思路：一是进一步规范招投标管理，全面推行电子招评标；二是提高合同管理工作效率，降低合同风险，探索枢纽运行维护合同管理新模式；三是加快培养企业所需的应用型合同管理人才。重点需要做好以下几个方面工作。

（一）规范招投标管理，全面推行电子招评标

严格规范招投标管理，进一步完善评标专家库和招投标管理工作流程，保持招标公告信息发布率 100%、中标结果公示率 100% 和结果备案 100%；规范招标文件编制，推行科学、公正、合理的评标方法；加强招标投标信息化建设，全面推行电子招评标。

（二）完善合同管理制度，探索合同管理新模式

（1）进一步完善合同管理相关制度，做到管理层次清楚、职责明确、程序规范，使合同的签订、履行、变更、纠纷处理都处于有效的控制状态。

（2）针对枢纽维修维护合同数量多、金额小、时间紧等特点，要探索管理规律，按照统一归口管理和分类专项管理相结合的原则，明确维修维护委托框架协议及实施细则，日常以委托函为依据，定

期结算。

（3）以采购计划执行为纽带，加强采购合同验收、入库、领用和结算等环节的联系和协调，形成信息沟通闭环，强化采购合同的履行；逐步建立开发公司合格供应商（承包商）库，完善对供应商的诚信考核体系；积极尝试厂家协议供货、电子商务采购等物资采购方式，实现重要备品备件和日常消耗材料的采购分流，提高采购效率，缩短供货周期。

（三）提升合同管理能力，降低合同管理风险

（1）改进和优化合同管理，努力做到管理层次清楚、职责明确、程序规范，使合同的签订、履行、考核、纠纷处理处于有效的控制状态。加强合同业务审查和法律审查，规避合同执行中可能出现的问题及法律风险，在合同管理中实现公司效益的最大化。

（2）加强对重要合同的审查和管理，定期审查公司各类合同示范文本，制订施工、采购、设计、辅助服务类合同标准付款条件，减少合同编制和审查中的重复工作，提高合同审批签批工作效率。

（3）按照依法治企的要求，牢固树立依法签约、依法经营的理念，进一步提高公司的合同履约率，全面完成合同约定的义务，减少合同经济纠纷，保持公司“重合同、守信用”的良好形象。

（四）完善合同实施的保证体系，加强合同履行的过程控制

做好合同交底，分解合同责任，实行目标管理；建立开发公司内部项目（合同）定期协调会机制，加强合同管理部门与合同执行部门的沟通协调和信息反馈渠道，对合同管理中的事务性工作订立工作程序，使其规范化，便于合同相对方执行。

加强合同变更管理，明确合同条款变更和工程变更各自的处理程序，全面、及时、系统地处理合同变更。

（五）推进合同管理信息化、网络化

建立统一的计划合同信息平台，实现合同管理全流程信息化。引入可靠易用的合同管理软件，实现合同起草、合同文本、结算安排、执行进展、合同变更、支付凭证开具以及对合同结款情况统计分析的全方位管理。将合同管理人员从合同统计、合同台账等繁杂工作中解放出来，提高合同管理效率。

（六）加快培养企业所需的应用型合同管理人才

1. 加强合同管理人员培训，选拔优秀合同管理人才

加强合同管理人员和项目管理人员的培训，提高全员的合同管理意识。具体做好以下两个方面：一要建立合同管理岗位责任制，明确合同管理岗位责、权、利；二要通过专业培训、外出交流、内部讲座等方式加强业务和法律培训。通过工作实践锻炼出一支业务水平高，思维敏捷，具有一定工作经验的应用型合同管理人才队伍。

2. 充分发挥外聘法律专家和第三方的作用

通过外聘合同服务的法律专家和律师，不仅仅让其承担法律顾问角色，充分发挥其专业素养和优势，并在公司合同范本拟定、合同谈判、合同审查及人员培训等环节，充分发挥法律专家的作用，加强合同的合法性审查，提高合同人员的法律意识和水平，利用好第三方中介机构加强合同成本测算和重大变更费用审核，提高合同成本控制水平。

财务管理

CAIWU GUANLI

娄　涛

一、开发公司财务管理现状

（一）开发公司职责和资产状况

开发公司是小浪底管理中心所属企业，负责小浪底水利枢纽和西霞院反调节水库工程的运行管理和各项贷款本息的偿还工作。按照财政部批复的小浪底水利枢纽工程竣工财务决算，小浪底水利枢纽工程交付使用资产 304.60 亿元。按照财政部批复的西霞院反调节水库工程竣工财务决算，西霞院反调节水库工程交付使用资产 29.88 亿元。

（二）财务管理部门

财务资产部作为开发公司内设职能部门，具体负责开发公司财务管理工作，同时负责开发公司会计核算、资产管理；负责研究国家财经、税收政策、相关法律法规；负责电力产品费用结算和增值税减免等有关政策的研究和落实。

（三）财务管理的主要内容

1. 会计制度

开发公司在会计核算上执行的是《企业会计制度》，尚未执行 2006 年 2 月财政部颁发的《企业会计准则》（简称新会计准则）。

2. 机构设置

财务资产部内设财务科、会计科和资产科。财务科负责开发公司财务管理工作；办理电力产品费用结算、增值税减免相关业务。会计科负责会计核算工作，包括成本费用核算、现金、银行存款、有价证券管理。资产科负责对资产优化配置、资产负债结构进行管理；负责固定资产管理工作，组织固定资产配备、固定资产盘点、审查单位资产购置计划并监督完成。

3. 预算管理

开发公司每年末编制下一年度财务预算，编制预算时，坚持“量入为出、效益优先”和“统一管理，归口负责”的原则，各部门（单位）作为预算归口管理部门（单位）对本部门（单位）预算的真实性、合法性、准确性和完整性负责。

4. 收入管理

开发公司收入来源主要为售电收入和增值税退税收入。

（1）售电收入。售电收入为主营业务收入，与上网电量密切相关，日常电费结算工作由财务资产部负责，购电方为河南省电力公司。售电收入一直坚持“应收尽收、应收早收”的原则。自 2000 年 1 月首台机组并网发电以来，累计售电量为 715 亿 kW·h，销售收入为 187.36 亿元。

（2）增值税退税收入。增值税退税收入为政府补贴收入，专项用于归还世界银行贷款。财政部授权财政部驻河南省财政监察专员办事处审查审批河南部分增值税退税工作，授权财政部驻山西省财政监察专员办事处审查审批山西部分增值税退税工作。增值税退税收入一直坚持“应退尽退、应退早退”的原则。自 2006 年开始办理以来，目前已累计收到退税资金 10.71 亿元。

5. 成本费用管理

开发公司在每年末编制下一年财务预算时，对成本费用做了明确列示，并一般不予调整。非预算内项目不得列支，如因经营环境、市场环境、国家政策法规发生重大变化、经营发展方向和策略发生重大调整、机构设置发生变化以及自然性不可抗力等因素，成本费用执行结果产生重大偏差致使预备费不足以解决的，按照规定进行成本费用预算调整，并按规定报小浪底管理中心批准。

6. 资金管理

资金管理工作实行“统一领导、分级管理、授权审批”的管理方法，遵循“量入为出、确保重点、有偿占用、安全高效”的管理原则。具体为：合同管理部门按照规定权限，开具支付证书，超权限的由有权人审批后开具支付证书；财务部门按照合同管理部门出具的支付证书及相关资料，由会计人员进行账务处理后，报部门负责人审核，出纳以部门负责人审核后的会计凭证支付资金。每月底，财务资产部与合同管理部门和项目管理单位进行沟通，做好下月资金收支预测，实时调度资金，确保资金供应。

7. 筹融资管理

截至 2013 年 9 月底，开发公司尚有贷款 20. 30 亿元。财务资产部负责密切关注利率、汇率变动，采取措施有效降低利率、汇率风险，同时与建设银行、招商银行、民生银行、兴业银行等多家金融机构保持着密切联系，使开发公司在金融机构获得了 30 亿元的贷款授信额度，以充分保证开发公司的融资需求。

8. 税务风险管理

目前，开发公司是国家税务总局级重点税源监控企业。开发公司在税务风险管理方面的做法是：在账务处理时，统筹考虑税务事项，账务处理以会计制度为准，纳税以税收制度为准。当会计制度与税收制度不一致时，以税收制度为准做相应的纳税调整，按照税收制度进行纳税申报和缴纳税款。

9. 内部会计控制

内部会计控制贯穿于开发公司经济事项的全过程，所有的账务处理必须依照相关的会计制度进行，不符合制度事项一律不予受理和处理。

10. 财务分析

财务资产部指定专人每月编制财务报表，对经营成果和财务状况进行分析，并与年度预算相对比，发现预算执行出现偏差及时纠正处理。

二、财务管理中面临的主要问题

新的管理体制对开发公司财务管理提出了更高的要求，与国内外一流企业财务管理相对比，开发公司的财务管理还存在一些不足，主要表现在以下几方面。

（一）财务管理理念有待进一步转变

现代企业法人治理结构还不完善，企业思维和成本费用管控意识不强，尚未建立完善的成本费用定额管理制度，成本源头控制较为薄弱，对成本管理的关键环节如：项目的规划、设计、造价、技术、合同签订等还有较大潜力可挖。有的人员对内部会计控制的认识模糊，认为内部会计控制只是财务人员的事。有的认为内部会计控制制度束缚了自己的手脚，程序多、复杂、麻烦。更为严重的是有的人有章不循、执法不严，在经济业务的具体处理过程中，以强调灵活性为由而不按规定程序办理，使已建立的内部会计控制制度成了“写在纸上，贴在墙上”的一种形式，使内部会计控制制度失去了应有的刚性和严肃性。

（二）全面预算管理有待进一步强化

按照《水利部小浪底水利枢纽管理中心预算管理办法》（中心财〔2013〕8 号）和《黄河水利水电开发总公司财务预算管理规定》

（开发财〔2013〕4 号）的规定，各部门（单位）应该严格按照预算所列的内容办理业务，杜绝财务预算执行中超预算和随意调整预算的行为。但在实际工作中，依然会出现随意超预算或预算外事项未经预算报批就实施的现象，“先上车、后补票”倒逼预算调整的现象依然存在。

（三）会计信息质量有待进一步提高

2006 年 2 月 15 日，财政部颁发了新会计准则，要求自 2007 年 1 月 1 日起在上市公司范围内全面实施，并鼓励其他企业施行。2007 年 1 月 1 日，新会计准则体系开始在 1 400 多家境内外上市公司范围内实施，新会计准则体系基本实现了与国际财务报告准则的趋同。目前，开发公司尚未执行新会计准则，会计信息质量有待进一步提高。

（四）税务风险管理机制有待进一步健全

国家税务总局《大企业客户风险指引》要求：企业可结合生产经营特点和内部税务风险管理的要求设立税务管理机构和岗位，明确岗位的职责和权限；企业应建立科学有效的职责分工和制衡机制，确保税务管理的不相容岗位相互分离、制约和监督；企业应根据税务风险评估的结果，考虑风险管理的成本和效益，在整体管理控制体系内，制定税务风险应对策略，建立有效的内部控制机制，合理设计税务管理的流程及控制方法，全面控制税务风险；企业税务管理部门应协同相关职能部门，管理日常经营活动中的税务风险。目前，开发公司税务风险的识别、管理全部由财务资产部承担，尚未建立起开发公司层面的税务风险管理体系。

（五）会计人员队伍建设有待进一步加强

机构改革后，为解决会计人员不足问题，开发公司采取了合并水力发电厂财务资产科职能和人员的方法，在一定程度上缓解了人员不足问题。但是，繁重的财务工作和较少的会计人员之间的矛盾依然突出。会计人员长期性的超负荷运转，也仅能保证日常财务工作的完成，无暇顾及更高层次上的财务管理工作，参谋助手作用发挥不够。

（六）资产管理手段不多

客观上，自小浪底水利枢纽开工建设到竣工财务决算批复已20多年，在建设期间购买、建造的固定资产，一部分经过多年的运行使用和更新改造，原有的实物形态以及功能已经发生了较大变化，因此，存在一部分固定资产的实际形态与批复的财务竣工决算不一致现象。主观上，重资金轻资产、重建设轻管理的观念依然存在，资产管理人员少，专业岗位不多，很难做到对300多亿资产进行精细化管理。

三、国内外财务管理的先进理念

随着社会经济的发展、企业股权结构的复杂化、资本市场的发展与完善和政府职能的转化，财务管理目标也由最初的企业利润最大化逐步转化为股东财富最大化、企业价值最大化和相关者利益最大化。

随着财务管理理论和实践的不断发展和创新，财务管理由会计核算为主向加强财务管理与风险控制转变；让财务工作者参与生产经营决策，财务管理由服务监督型向有效管理型转变。主要表现为以下几个方面：

（1）财务管理应是一种价值管理，它渗透和贯穿于企业的一切经济活动之中。企业的生产、经营、进、销、调、存每一环节都离不开财务的反映和调控，企业的经济核算、财务监督，更是企业经济活动的有效制约和检查。财务管理是一切管理活动的共同基础，它在企业管理中的中心地位是一种客观要求。

（2）企业的管理从注重生产的管理转到财务管理。企业管理必须坚持一手抓生产发展，一手抓财务管理，既要向生产要效益，又要向管理要效益。充分发挥财务管理的带动作用，更加有效地提高经济效益。

（3）企业管理以财务管理为中心，财务管理以资金管理为中心。资金是企业的“血液”，企业资金运动的特点是循环往复地流动，资金的生命在于“活”，资金活，生产经营就活，一“活”带百“活”，如果资金不流动，就会“沉淀”或“流失”，得不到补偿增值。

（4）企业财务管理除了遵循市场经济的基本规则，还应遵守以下具体原则。

a. 利益关系协调原则

利益关系协调的好坏直接影响到财务管理目标的实现。

b. 资源合理配置原则

资源合理配置的核心就是要求企业的相关财务项目必须在数额上和结构上相互配套与协调，以保证人尽其才、财尽其用、物尽其用，从而获得较为满意的效益。

c. 全面预算管理原则

成立预算管理机构，统筹管理企业各类业务预算工作，并逐步探索能够将投资、成本、费用、收入分配等有效配合的新型预算管理模式，使预算管理水平提高到一个新的管理水平。

d. 资金集中管理原则

按照资金分级授权管理制度，严格控制和理清低收益资金运作业务。

e. 增强财务风险防范意识原则

建立一套完整的财务风险控制机制，通过对资金筹措、重大投资、营运资金、贷款担保、债务清偿、资产损失和税收支出等关键环节的控制，加强风险预警和识别，及时评估、预防、控制和分散财务风险，在实现经营目标的同时力求化解财务风险或实现损失最小化。

四、财务管理下一步工作思路

按照开发公司年初确立的“管理科学、设施一流、环境优美、文化先进的现代水利枢纽企业”的长远目标，要进一步提高开发公司财务管理水平，防范风险，建立适合开发公司特点的财务管理体系，进一步探索财务管理的新模式、新办法，加强财务管理，推动开发公司各项业务健康、持续、快速发展。

（一）理顺财务组织结构，完善法人治理结构

根据开发公司经营规模、内部条件和财务战略，决定适宜的组织体制，从而提高财务管理效率，充分利用资源，减少内部摩擦和降低组织成本，实现经济效益和企业价值最大化。

（二）择时推行新会计准则，强化成本控制

全面执行新会计准则使会计核算标准和财务会计报告体系得以统一，会计工作向规范化、程序化和标准化迈进，会计信息质量将大幅提高，在经营管理决策中的作用将得到有效发挥。

（三）强化全面预算管理的硬约束机制

预算管理不只是财务部门的事情，更是企业综合的、全面的管理工作。预算指标经过了自上而下、自下而上相结合的测算、论证、汇集，是开发公司制定的战略目标，是实施管理和控制、考评和奖惩的科学依据。鉴于全面预算编制的科学性、执行的强制约束性以及与之配套的奖惩激励机制，全面实施后，可以较大幅度地提升企业的管理层次，增强竞争优势，从而促进企业的发展和效益的提高。

（四）建立健全税务风险管理机制

以国家税务总局《大企业客户风险指引》为导向，结合开发公司经营情况、税务风险特征和已有的内部风险控制体系，建立健全

相应的税务风险管理制度，建立健全开发公司层面税务风险管理工作机制。税务风险管理部门应协同相关职能部门，管理日常经营活动中的税务风险。税务风险管理部门应参与制定和审核日常经营业务中涉税事项的政策和规定，对发生频率较高的税务风险建立监控机制，评估其累计影响，并采取相应的应对措施。

（五）强化财务风险防范意识，加强财务风险制度文化建设

健全内部控制制度，建立健全风险控制机制，特别要加强授权批准、会计监督、预算管理和内部审计等方面的工作。运用现代的分析技术，强化财务分析，为实现有效的风险控制提供依据，实现制度控制和文化引导双管齐下，进一步提升开发公司的风险控制管理水平。

（六）加强资产管理，创新资产管理方法和手段

进一步做细资产核算工作，细化资产账、卡管理工作，使资产核算更加科学、合理，资产管理更加规范、便捷。加快在建工程转入固定资产进度，查清资产账实不符情况，确保不良资产尽快得到处置。以理顺资产委托管理程序、规范委托资产管理使用行为、加强委托资产监管力度为手段，确保资产安全、完整。

（七）加强资金管理，确保资金安全

将资金管理作为财务风险管理的重中之重，及时组织资金回笼，确保现金流入；密切跟踪汇率变化，减少汇兑损失；实时掌握利率动向，减少财务费用；合理安排资金，为多元发展提供资金支持；严格资金支付流程，严把资金风险关。

（八）加强参控股公司监管力度，切实维护股东权益

督促被投资单位完善内部法人治理结构；对参控股公司依法参加或者委派股东代表、董事、监事参加“三会”，行使股东权利；作为参控股公司股东，通过董事会指导、监督参控股公司的生产、经营、安全工作，参与董事会组织的目标责任考核工作；对控股公司的财务工作履行监督检查职能，对资金使用及会计核算的规范化进行监管。

（九）充实财会人员，保证队伍稳定

充实会计人员队伍，使会计人员数量和财务管理工作量相适应，保证财务人员队伍的稳定。进一步优化会计人员知识结构和年龄结构，进一步提高会计人员业务素养和工作能力。

人力资源管理

RENLI ZIYUAN GUANLI

李占省

一、基本情况

开发公司为小浪底管理中心直属企业，主要负责小浪底水利枢纽和西霞院水利枢纽的运行、管理，内设综合部、党群工作部、规划计划部、财务资产部、人力资源部、安全管理部、建设与管理部、生产调度部（防汛办）、生产保障部、信息管理部、环境资源部、退休职工管理部（退休职工服务中心）、水工部、运行部、检修部、后勤管理部、保卫部、档案管理部18个部门和1个控股公司（小浪底控股有限公司）。

开发公司人员编制423人。其中，局级干部职数5人，处级干部职数51人，科级干部职数102人。目前在岗职工375人，其中公司领导班子成员4人，处级干部47人，科级干部90人。

二、开发公司人力资源管理现状

（一）人力资源制度体系建设

按照符合政策、切合实际、相对科学、易于操作的原则，2013年初开发公司共制定人事劳资方面的制度18项，内容涵盖人事管理、人才培养、干部职工考核、劳动纪律、工资管理、社会保险等一系列管理制度，其中5项工资、社保制度按相关规定经开发公司职代会联席会议审议通过。

目前，根据新印发的开发公司“三定”方案，正修订、完善人事、劳资相关规章制度，健全工作程序和工作规范，迅速进入到高效运转轨道，以适应小浪底管理中心及开发公司改革、发展的新要求。

（二）干部职工队伍培养

开发公司始终把人才队伍建设放在重要位置，特别是结合体制改革，通过多形式多途径抓紧抓好人才队伍建设。一是抓职工思想建设。结合体制改革中职工思想不稳定的实际，采取多项措施，积极抓好思想动员和对体制改革的理解、认同与促进。组织各部门负责人开展与本部门职工一对一谈心；人力资源部开门办公，开展与职工经常性谈心、与部分职工有针对性重点谈心，进行思想沟通和交流，及时化解了改革中可能产生的矛盾和问题，保证了体制改革的顺利进行。二是抓班子建设。针对改制后部分部门负责人缺少管理经验的实际，重点开展了管理能力提升培训，综合素质培训和带队伍培训。定期开展读书交流活动，提升理论素养；与各部门负责人保持经常性沟通，相互交流管理工作和带队伍工作中的心得体会、方式方法等，不断提升管理水平。三是抓专业知识和技能培训。年初根据工作调研全面制定年度教育培训实施意见，每季度系统组织安排各部门的业务培训。比如水工部开展了水工混凝土缺陷处理、液压传动技术、水库异重流等专题培训；运行部在加快年轻职工成长中采用了签订“师徒”协议等方式开展“传、帮、带”式培训，定期开展考问讲解、业务考试；检修部组织开展了现场操作培训等。四是抓专题培训。对处级干部开通了水利教育网上课堂，进行网络培训，提升管理水平；组织科级干部赴水利部密云基地开展了两期主题为“开阔视野、认清形势、提升管理水平”的专题培训，增长了知识，拓宽了视野；对新入职大学毕业生开展了系统全面的入职培训，实现了尽快适应工作环境的培训目标。

（三）绩效考核管理

按照小浪底管理中心加强绩效考核的要求，结合开发公司实际，建立部门（单位）工作绩效考核激励机制。以能力和业绩为导向，进一步完善干部选拔、任用、考核机制。以激励先进、鞭策落后、加强管理为目的，实行全员绩效考核管理，用活用好人力资源。

一是按照小浪底管理中心加强绩效考核的要求，结合开发公司实际，建立科学实用易操作的工作绩效考核办法，促进了公司科学发展。二是分析小浪底管理中心对开发公司业绩考核的管理办法，研究收入待遇与经营业绩同步增长机制。三是根据新的管理体制和开发公司运行状况，研究完善了绩效工资（奖金）的实现途径和方式。四是积极制订处级干部薪酬管理方案，健全中层干部激励机制。五是制定收入待遇与部门（单位）考核结果和个人考核结果紧密挂钩的具体措施，逐步解决部门内部职工干好干坏一个样，干多干少一个样的问题。

（四）工资和社保管理

根据新的管理体制和开发公司运行状况，研究完善绩效工资（奖金）的实现途径和方式。协助研究制定小浪底管理中心对开发公司业绩考核的管理办法，研究收入待遇与经营业绩同步增长机制。根据开发公司考核机制，制定收入待遇与部门（单位）考核结果和个人考核结果紧密挂钩的具体措施。按照"一个中心，两个公司"的管理模式，做好社会保险的新建、接续、转移、停保等日常事务办理工作。做好社会保险、补充医疗保险和企业年金待遇申领、计发和有关的核对、统计工作。

三、面临的挑战及存在的问题

（一）面临的挑战

开发公司的长远目标是：成为管理科学、设施一流、环境优美、文化先进和现代水利枢纽管理企业。因此，我们要在新的管理体制下，围绕目标定位，强化企业思维，理清工作思路。

开发公司全面实行现代企业的管理模式，标志着我们二次创业的开始，必将充满着机遇和挑战，必将面临一次新的思想解放，人力资源管理工作必须更新观念，与时俱进，不断研究新情况、解决新问题、创新新机制、增长新本领，推动人力资源管理工作取得新的进展。

（二）存在的问题

1. 用人制度灵活性不够

缺少有效的竞争机制，一方面使一部分人员缺乏危机感，助长了不思进取、安于现状、墨守成规的思想；另一方面影响了青年骨干和优秀人才积极性的发挥，抑制了人才队伍的开拓创新精神。在用人机制方面，人员的流动性和人才的岗位交流还相对缺乏。

2. 人力资源管理基础工作薄弱

人力资源管理工作千头万绪，内容丰实，信息量大，需要现代化的工具和统计分析手段。目前的人力资源管理工作仍局限于原有的方式方法，已建立的人力资源管理系统功能还不够齐全，信息更新储存还不够及时，缺少必要的人力资源分析，工作效率低，不能很好地满足人力资源管理工作的需要。

3. 职工教育培训缺少整体规划

目前，职工培训目标不明确，人才队伍状况仍不能适应开发公司发展的需要，存在“三多三少”现象：高职称人员多，高层次领军人员少；业务型人才多，管理型人才少；单一型人才多，复合型人才少。

四、国内外先进的人力资源管理理念和方式

（一）企业人力资源管理思路正在改变

目前，我国企业招聘制度已经市场化，招聘途径公平、公开。现代企业的人才引进逐步由原来的接班、推荐演变成纯市场行为，

个人关系日益让位于真才实学；培训制度多样化，培训形式多样化。很多企业已经把培训制度作为一项长期的、战略性行动纳入企业计划；薪酬和考核制度合理化。大部分企业都建立了有竞争空间的考核制度。某些传统行业也在坚决打破职称终身制，以及与此相关的岗位和薪水只见上调不见下调的现象。

（二）人力资源管理地位正在转变

现代企业人力资源管理已不仅仅限于人事管理、工资发放、保险办理等事务性工作，在企业发展和人才战略上体现出更大的自主性和决策权。有的企业明确提出要实现"超越现实而不脱离实际的人力资源管理"，"不脱离实际"即沿袭人事管理的传统，有条不紊地做好服务工作，"超越现实"则强调人力资源管理要充分了解本企业和本行业的未来趋势、公司当前的战略地位和战略重点，并将这些认识融合到自己的工作中，以最高的立意指导最基层的工作。

（三）人力资源管理手段正在完善

一些企业建立了人力资源管理决策支持系统，有的企业甚至自行开发出系统软件，以提高工作效率。数据库统计技术、网络信息技术甚至视频技术等，为企业节约了大量的人力成本。随着第三产业的崛起，服务业的内容日渐丰富，许多中小型企业针对企业小、人员少的特点，将档案管理、社保业务等实行外包，公司自己不设置长期机构办理这些业务，而是委托专业咨询顾问公司定期办理。

（四）职业经理人正在成长

国内企业里涌现出大量优秀的人力资源职业经理人。他们素质全面，业务知识扎实，管理方法多、技巧性强，注重实践，不拘泥于教科书，同时职业经理人应对危机局面的处理表现出一定的专业技巧。

（五）"云时代"引发人力资源的"云外包"模式

云计算正在引爆现代企业管理的变革，对企业管理的影响并非仅限于组织和决策管理，更涉及企业最核心之处：人的管理。随着云时代的到来，组织、人力虚拟化已成为无法阻挡的趋势，像法国达能公司在中国的校园招聘，是通过租用一家云计算公司提供招聘管理系统，一方面避免了自主开发系统的高额成本，另一方面还通过这家公司提供的人力资源外包，实现了随时可从“云”的分析模块中拿到结果。另外，国内的宝钢集团正在进行“二次创业”，宝钢将云计算建设提上了日程。

五、下一步工作思路

（一）树立人力资源开发与管理理念

树立人力资源开发与管理理念，就是要将人视为资源，即可交流甚至可再生的资源，而不仅是单纯的被管理对象；人事工作的重心，要由传统的事务性管理向人力资源的利用、开发与配置转变。今后人事改革的根本是“一切有利于人才脱颖而出为标准”。要切实转变观念，树立“以人为本、以人才为中心”的思想，把人才看作是最有创造力、最有价值的资源，最大程度地挖掘人才的潜能，让人才脱颖而出。

（二）构建人力资源管理体系

建立以“刚性制度，柔性管理”为原则的全方位的人力资源管理模式。重点构建一个由决策层、人力资源部门、非人力资源管理部门三方既分工负责又相互协调合作的全方位人力资源立体管理模式，夯实人力资源基础工作，逐步将各项制度、机制融入到人力资源管理体系中来，管理的凝聚力、协调及控制不仅需要通过制度、纪律等“刚性制度”来实现，也需要由共同的价值、信念、行为准则组成的“柔性管理”。

（三）建立规范的人力资源管理制度

完善的人力资源管理制度有很多方面，主要包括人力资源预测与规划、招聘与选拔、培训与开发、绩效评价、考核激励等制度以及岗位交流机制等。随着人力资源社会化、市场化、国际化程度的不断提高，人力资源管理者必须掌握现代人力资源管理相关的知识与技能，从改变传统的人事管理内容入手，把人力资源的开发放在重要位置，实现管理手段科学化，最大限度地发挥人力资源效益。要强调优胜劣汰，实行能上能下、能进能出的动态岗位管理，有效调动广大职工的积极性和创造性，挖掘潜力和能量。一方面要建立相对稳定的骨干人才队伍，另一方面要在企业内按照人岗相宜的原则进行合理流动、岗位交流。

（四）健全激励机制

激励能够激发职工的创新欲望，激活职工的创新潜能。物质激励的作用是满足人类最基本的需要，层次比较低，激励深度有限；而精神激励则是人类较高层次的需要，是内在动力。健全机制要从物质激励和精神激励两方面入手。

物质激励方面，要健全分配机制。逐步破除待遇与职称、职务挂钩，而与实际岗位和实际贡献脱节的不合理分配制度。要逐步建立按实际岗位职责、任务复杂程度和完成工作的数量与质量确定所得报酬，实行强化岗位、以岗定薪、按劳取酬的分配制度，真正体现多劳多得、优劳优酬，不断激发人才队伍的活力。此外，分配制度还应向一线倾斜，向骨干倾斜，使其收入与职责和贡献相匹配，合理拉开收入差距，鼓励其多干工作、干好工作、多做贡献，真正建立起符合市场经济的激励分配机制。

精神激励方面，就是指除做到待遇留人外，还要做到事业留人、感情留人。要帮助职工进行职业生涯设计，进行目标激励。企业只有使职工拥有明确的奋斗目标、良好的事业发展，才能最充分调动他们的积极性；管理者要善于抓住职工事业心与成就感都较强烈的特点，尊重他们并及时满足其对精神和情感方面的需求。

（五）丰富现代化的人力资源管理手段

目前，随着云计算、大数据、移动技术等新技术的不断涌现，现代企业的人力资源管理呈现出新的特点与需求，开发公司的人力资源管理首先需要丰富现代化管理手段，不断加大对信息技术的投入，加快公司人力资源管理信息化的进程。其次，随着现代企业人力资源管理中业务流程外包的发展，开发公司适时引进业务流程外包模式，以有效降低管理成本。最后，公司通过无疆界组织与虚拟组织对人力资源进行管理。现代信息技术的发展，使得虚拟化人力资源管理成为可能，通过虚拟化人力资源管理，公司可以有效整合内部和外部资源，实现优势互补，节约成本，实现资源“无疆界”整合。

建设与管理

JIANSHE YU GUANLI

马 伟

一、基本情况

开发公司建设与管理部于2014年3月组建，主要职责是项目建设管理、技术和质量管理。

项目建设管理的主要内容包括：负责基建、大修、更新改造、科研和咨询服务等项目的归口管理，负责小浪底水利枢纽管理区翠清苑培训中心、小浪底水利枢纽管理区坝后防汛交通桥等重大和重要基建项目的建设管理，负责项目竣工验收和质量保修期满验收，参与基建、大修、更新改造、科研和咨询服务等项目的招标、合同管理和支付审查等工作。

技术管理的主要内容包括：负责开发公司技术发展规划的制订，负责新技术、新材料、新工艺的引进和推广应用，负责项目技术方案的审查和批复，负责国家或行业有关技术标准、规范的宣贯，负责对外科技合作与交流管理，负责专业技术培训等工作。

质量管理的主要内容包括：负责开发公司质量管理体系建立和相关制度的起草等工作，落实国家、行业管理部门、水利部小浪底水利枢纽管理中心（简称小浪底管理中心）的有关质量管理的方针、政策，监督、检查和指导有关部门的质量管理工作，牵头组织或参加质量事件、事故的调查、分析、处理并监督落实，负责开发公司的质量管理教育培训等。

二、建设与管理工作现状

（一）重点基建项目进展情况

建设与管理部作为开发公司项目建设管理的主管部门，对投资计划内所有基建、科研及咨询服务项目进行归口管理，对重要项目进行建设管理。建设与管理部负责建设管理的项目主要包括：小浪底水利枢纽管理区翠清苑培训中心、坝后防汛交通桥、教育基地2号院临时房屋改造及基础设施建设、小浪底水利枢纽管理区防汛公路、小浪底水利枢纽管理区消防站及配套设施建设等10个项目。目前，各项目基本按照进度计划实施。

1. 小浪底水利枢纽管理区翠清苑培训中心

翠清苑培训中心位于枢纽管理区东山基地，由大堂、餐饮会议、康乐和3栋客房楼组成，项目于2012年12月开工建设，2013年12月土建主体工程封顶，2014年5月外墙干挂石材、玻璃幕墙、窗户等施工完成，塔吊、脚手架拆除，外部装修完工。2014年10月，暖通、消防、水电安装等室内设备安装基本完成。2015年4月底室内装修及室外绿化基本完工。2015年底完成单位工程验收。

2. 小浪底工程教育基地2号院临时房屋改造及基础设施建设

教育基地2号院临时房屋改造主要包括对临时建筑A、B、C楼，职工餐厅和J、M、S楼进行改建，同时改建管网、电缆等基础设施。职工餐厅于2014年1月改建完成并投入使用；A、B、C楼于2014年6月完成改建；J、M、S楼于2014年12月完成改建，且均已入住。

3. 小浪底水利枢纽坝后防汛交通桥及防汛公路

坝后防汛交通桥位于水文观测桥下游，桥长约350 m，桥宽7 m。工程于2013年9月开工，2014年3月20日上游栈桥合龙，2014年6月20日下游栈桥合龙；2014年5月25日钻孔灌注桩完成，

2014 年 8 月 22 日承台浇筑完成，2014 年 9 月 29 日第一孔预应力混凝土梁浇筑完成。2014 年底完成主梁混凝土浇筑，主体工程及配套工程 2015 年 9 月完工。

防汛公路位于黄河北岸管理区内，南侧紧邻黄河，是连接管理区内黄河左右岸交通的重要道路。路线全长 1.08 km，路宽 9 m。2015 年 10 月开工，2016 年 5 月完工。

（二）项目建设管理情况

建设与管理部作为项目主管部门，对项目建设质量、进度、安全与文明施工、竣工验收等工作进行监督、检查和指导，采取以下措施保证项目顺利实施。

1. 建章立制，规范管理

根据小浪底管理中心新颁布的建设与管理相关规章制度，结合开发公司项目建设与管理实际，修订了基建项目建设管理办法、基建项目验收移交管理办法和科研、咨询服务项目管理办法，按照项目投资额度和重要性，将基建项目分为重大基建项目、重要基建项目、一般基建项目和其他基建项目等四类，划分了项目管理层次，明确了各管理层之间的权利、责任和义务，细化了工作流程，管理职责更为清晰。

2. 细化方案，加强协调，确保项目进度计划

认真研究技术方案和施工图纸，注重做好方案的优化，及时组织召开开工前协调会、设计交底会和技术方案审查会。加强现场协调，强化巡视检查，掌握施工动态。定期召开三方会议，查漏补缺，及时解决现场出现的问题，做到“小问题不过夜，大问题不过周”。

细化建设目标，优化资源配置。要求施工单位根据重要节点倒排的施工计划，提前做好施工准备，保证工作有序进行。

3. 注重质量和安全管理，文明施工不断改善

建立健全质量管理体系，落实质量责任制，始终把工程质量摆在首位。严格质量标准和操作规程，严把施工过程关，加强质量检

测，确保工程建设质量。

定期组织开展安全生产检查，加强安全生产隐患排查治理，完善安全事故应急预案，提高安全事故应急管理和处置能力。落实防汛安全责任制、度汛方案和各项度汛措施。小浪底管理中心和开发公司等各级领导多次组织专项安全检查，小浪底公安局对施工人员进行了安全消防专题培训，并安排一辆消防车常驻翠清苑培训中心现场，进一步提高了安全设防能力，在建基建项目未发生一起安全责任事故。

落实材料计划、确保施工需求。装饰装修材料在项目建设中至关重要，为确保工程质量和装饰效果，制定了材料送检及验收管理办法，货比三家确定供货单位。到场后及时组织验收，检查合格证和试验资料。对于石材、织物挂板、配电柜等重要设备和材料，监理、业主、施工三方到厂家进行实地考察，确保生产能力和供货质量。

加强项目文明施工，设立安全文明施工专项经费，制定安全文明施工考核制度，实施奖惩对等的激励机制。强化现场文明施工管理，开展文明施工教育，提高文明意识。

4. 严格项目验收移交

按照项目验收管理办法，建设管理部门作为开发公司基建项目验收归口管理部门，负责基建项目验收的日常管理工作，对基建项目的验收程序进行指导和监督。严格执行验收移交规定，及时组织工程验收和移交，认真审查验收资料，仔细勘察工程现场，对通过验收的项目及时办理移交证书。

5. 项目建设信息管理

做好项目建设信息报送，每月向开发公司报送施工进度情况，每季度向小浪底管理中心报送项目实施情况。

（三）技术管理情况

按照建设与管理部工作职责，在制度修订中增加了技术管理办法，主要包括技术管理体系、技术管理职责、生产技术管理、项目技术管理等内容，充分体现了管理单位的主导作用。主要负责组织讨论开发公司重大技术创新问题，负责国家或行业有关技术标准、规范的宣贯工作，并提出在枢纽运行管理和生产经营中的适用要求。成立技术委员会，建立以技术委员会为支撑、项目管理部门组织对项目技术方案进行审查，并将审查意见报小浪底管理中心及相关单位的工作机制。

配合小浪底管理中心开展了第四次科技工作会议的各项准备工作，配合开展了科技进步奖和优秀论文论著等评选工作，自第三次科技工作会议以来，开发公司取得了多项科技成果，主要包括《小浪底水利枢纽安全监测自动化系统升级改造》等 22 项科技成果，出版了《小浪底水利枢纽运行管理》等 7 部专著，发表了 42 篇论文，取得了《一种模拟检验涂层抗磨性能的设备》1 项发明专利。为落实第四次科技工作会议精神，建设与管理部对第四次科技工作会议任务进行了分解，并督促检查各单位实施情况。

（四）质量管理情况

修订了质量管理办法，主要包括质量管理体系、质量管理职责、质量事故报告调查及处理、质量事故部位处理、工程质量评定等内容。主要负责宣传贯彻国家、行业管理部门、小浪底管理中心有关质量管理的方针、政策。质量管理实行质委会领导、办公室归口管理、项目管理单位（监理单位）负责、项目实施单位具体保证的管理体制。

三、建设与管理面临的形势和存在的主要问题

随着国家改革开放和法治建设的进一步深化，开发公司建设与管理面临新的挑战：一是项目建设与管理制度更加完善。项目建设管理程序进一步规范，按照新修订的项目建设管理办法，开发公司

将招标方案、重大设计变更、使用预备费和调整投资计划等技术方案和费用预算方案报小浪底管理中心审批，竣工验收条件中增加了竣工决算与审计。二是安全文明施工进一步严格，枢纽管理区为国家水利风景区，在项目建设和设施改造过程中，要尽量减少环境破坏、污染和降低噪声。三是小浪底水利枢纽于 20 世纪 90 年代设计与施工，至今已运行 17 年，金属结构和机电设备等达到了维护维修和更新改造的高峰期，需要引进成熟、先进的设备和技术，不断提高枢纽运行的安全稳定性。

回顾开发公司建设与管理部几年的工作，主要存在以下问题：一是建设管理和监督检查相互交叉重复，对于重大基建项目，建设与管理部既是建设管理单位，又是监督检查单位，管理职责不清晰；二是建设与管理专业结构不合理，在项目管理和技术方案审查过程中缺少机电等方面的专业技术人员；三是技术和质量管理分散在多个部门，尚未建立健全完善的技术和质量管理体系，未能充分发挥技术人员各自的才能。

四、下一步工作思路

面对新的形势和要求，开发公司建设与管理的主要思路：一是做好项目建设与管理，按照枢纽管理区综合规划，进一步美化枢纽管理区生态环境，改善职工居住条件，不断提升小浪底文化品位；二是为枢纽安全稳定运行提供技术保障，引进先进技术和工艺，深入研究影响枢纽安全稳定的重大技术问题，培养高、深、尖的专业技术人才。重点做好以下几个方面工作。

（一）做好重点项目竣工结算、审计及验收工作

加强重点项目建设管理，加快翠清苑培训中心及坝后交通防汛桥等项目竣工结算审计工作，根据小浪底管理中心重大项目验收计划完成项目验收。

（二）加强项目监督管理，保证项目质量、进度、安全、文明施工可控在控

针对开发公司项目建设管理实际情况，建设与管理部将重点在项目监督管理上下功夫。

一是对重要项目建设管理实行项目部负责制，由建设管理、合同管理、接收部门、责任区域管理部门等单位组成项目部，全面负责项目的建设管理，建设与管理部将集中力量进行监督检查；同时，加强工程项目管理人才资源建设，有计划地培养一批能够按照国际通行项目管理模式、程序、方法、标准进行管理的高水平项目管理人才。

二是组织做好项目开工前协调会，由建设管理、合同管理、信息管理、环境资源、区域管理责任部门以及设计、施工等单位参加，协调开工前各项准备工作，审查施工方案和施工条件，各方签字确认后方可开工，对于重大项目开工前的协调会，邀请开发公司领导主持。

三是充分发挥咨询、监理等中介机构在项目管理中的作用，有效地提高项目管理水平和管理质量，按照工程项目管理程序化、标准化和规范化要求，编制项目管理手册和相应程序文件、作业指导书，健全项目管理体系。

四是督促施工和监理单位建立健全质量、安全防控体系，加强日常巡查力度，掌控施工动态。建设与管理部每季度组织一次在建项目质量、进度、安全、文明施工专项检查，对发现的问题要求限期整改，并做好反馈和复查工作，不断强化基建项目安全文明施工。

五是做好在建项目建设信息的管理与报送，按时完成基建项目建设信息月报表，按照开发公司规定程序上报小浪底管理中心，做到项目建设管理信息畅通。

（三）严格项目验收管理，把好项目建设最后关口

项目验收是建设管理的重要程序，建设与管理部严格按照开发公司验收管理办法的要求组织验收。

一是严格审查项目验收条件，对不具备验收条件的项目明确提出整改意见，未通过验收或验收不合格的项目不得投入使用或进行后续工作。

二是项目验收实行分级管理，对于30万元以下的枢纽维修维护暂列费用项目（不含科研、咨询服务项目），竣工验收和质量保修期验收由项目管理单位组织，项目管理单位负责人主持。

三是强化验收过程的现场检查和遗留问题处理，要求在验收过程中必须进行现场检查，对发现的遗留问题项目实施单位要限期整改，并对整改情况进行复查，整改完成后方可签发验收证书。

四是加强验收的监督检查，建设与管理部作为验收归口管理部门，组织规划计划、财务资产、档案等相关部门，定期对项目管理单位组织的隐蔽工程中间验收、设备验收、完工验收及竣工验收等情况进行抽查，指导验收工作。

五是完善重大项目竣工财务决算和审计制度，以小浪底水利枢纽管理区翠清苑培训中心竣工验收为基础，制定重大项目竣工验收财务决算实施细则，委托有资质的专业机构进行竣工审计，并按照审计意见和小浪底管理中心的复核意见进行整改，进一步规范竣工验收程序。

（四）加强科技管理，完善技术管理体系

加强开发公司科技工作，成立科技工作领导小组，由总经理任组长、副总经理任副组长。领导小组下设办公室，办公室设在建设与管理部，同时聘请开发公司内外水利水电专家成立开发公司技术委员会，作为开发公司科技管理的支持机构。

领导小组的主要职责是对开发公司科技发展规划进行统筹协调和宏观指导，对科技工作重大事项进行领导决策。

建设与管理部作为科技领导小组办公室，主要职责是负责开发公司日常科技管理工作，制订开发公司科技发展规划年度分解计划，督促检查各项重点任务的实施进度，调研科技发展实施过程中出现的问题，为科技发展工作搭建平台。

技术委员会的主要职责是发挥专家思想库和智囊团的作用，对开发公司技术管理工作进行指导。技术委员会委员对运行管理和生产经营中的技术问题进行咨询和论证，对重大和重要项目技术方案进行审查。

（五）加强质量管理，完善质量管理体系

加强开发公司质量管理工作，采取统一管理、分级负责的管理方式。成立质量管理委员会（简称质委会），质委会主任由开发公司总经理担任，副主任由开发公司副总经理担任，成员由开发公司各部门主要负责人组成。质委会下设办公室，办公室设在建设与管理部，办公室主任由建设与管理部主要负责人兼任。

质委会主要职责是领导开发公司质量管理工作，建立质量管理体系并监督运行，制定开发公司质量管理政策，建立健全质量管理制度，协调质量管理中的重大问题，领导或协助、配合质量事件、事故的调查处理等。

质委会办公室职责主要是负责质委会质量管理日常工作，负责开发公司质量管理体系相关制度的起草等工作，宣传贯彻国家、行业管理部门、小浪底管理中心有关质量管理的方针、政策，并代表质委会监督、检查开发公司各部门的招待情况，监督、检查和指导公司有关部门的质量管理工作，牵头组织或参加质量事件、事故的调查、分析、处理，并监督落实，负责开发公司的质量管理教育培训等。

项目管理单位职责是健全质量管理体系，建立相应的质量管理机构、明确责任人，制定本部门的项目建设管理质量监管制度；落实质量责任制，制定岗位考核办法，建立防、控、惩体系，并采取相应措施落实实施。

监理单位、施工单位职责是履行合同约定的质量管理责任，履行《建设工程质量管理条例》（国务院令第279号）赋予的法律责任，建立关键工序、关键部位、主要设备材料的质量控制网络，纳入防、控、惩体系管理，保证项目合同质量目标实现。

（六）制订科技发展规划，多层次深入开展科技创新

根据开发公司第一个五年发展总体规划思路，围绕主要工作内容和生产中的重点技术难题，分析面临的科技发展形势和科技创新特点，立足开发公司的特色与优势，以保安全、增效益、促发展为目标，制订切合实际的科技发展规划，用以指导开发公司的科技工作。

一是提高运行管理水平，确保安全运行。开展大坝安全风险管理研究，确保监测数据的连续性和完整性，提高数据分析技术水平，综合分析判断大坝变形发展趋势；开展发供电设备精益运行管理研究，采用在线监测，适时调整设备运行工况，以可靠性和经济性为原则，实现以设备状态检修为中心的精益管理；采用高精度微变形监测、三维视景系统、机器人等先进技术，不断提升水上水下检测检修技术；引进应用卫星遥感、无线电航模或小型无人机遥控摄像等技术，应用于库周塌岸滑坡、地质灾害、违章建筑等库区安全管理。

二是提高运用调度水平，维持高效运行。开展洪水资源化研究，探索水库调度运用规律，为增加汛期调蓄水量、提高水资源利用效益提供技术支撑；开展水沙电一体化调度研究，探索两库联运规律，为优化调水调沙方案提供科学的技术方案；总结库区泥沙淤积的一般规律，研究库区泥沙淤积与水库调度运行的关系，塑造小浪底水利枢纽库区和进水塔前理想的淤积形态，以最大限度地延长水库有效库容寿命。

三是提高信息管理水平，促进智能运行。加强设备全寿命周期管理，建立健全设备档案，对设备运行的不同阶段采取差异化的技术管理措施；定期修订补充技术规程和标准，完善现场作业指导书，全面推行标准化作业；开展数字小浪底系统建设，实现核心设备的在线监测、自我诊断、自我报警等功能，探索设备检修周期，逐步建成智能化的控制系统，实现大坝安全动态评价及预警。

（七）加强科技创新能力建设，营造良好的科技创新氛围

把增强科技创新能力建设作为实现可持续健康发展的战略基点。

一是进一步修改完善科技管理制度，保证科研资金足额使用，加大科研成果重奖制度，将专利技术、专有技术、学术专著论文等知识产权指标纳入绩效考核体系，提高知识产权在项目评奖、职称评定和业绩考核中的权重。

二是不断强化科技创新主体地位，不断增强自主创新的主动性，广泛与国内外科研机构、大专院校、生产厂家建立高效、协同、开放的协同创新机制，集聚高端科技资源，深入开展形式多样的技术合作与交流。

三是鼓励、支持职工立足岗位进行技术小革新、小改造、小发明和小创造，不断提高解决实际问题的能力。对重点项目实行课题组负责制，在开发公司内部打破各部间的限制，有针对性地抽调科技人员组成课题组，保证课题组工作人员相对稳定并保证投入足够时间。

四是树立崇尚科学、求真务实的创新意识，营造勇于探索、宽容失败的创新风险观，形成尊重知识、尊重人才、尊重劳动、尊重创造的人文环境，弘扬创新、开放、合作的精神理念，营造兼收并蓄、鼓励个性发展和创造性的文化氛围，为开发公司科技创新培植良好的土壤。

对外投资管理

DUIWAI TOUZI GUANLI

段文生

对外进行项目投资是黄河水利水电开发总公司（简称开发公司）实施“管好民生工程，谋求多元发展”战略的重要举措，是开拓经营领域的有效措施，是提高国有资产经营效益的有效途径。对外投资管理涉及国家政策和投资环境研究、投资项目机会研究、投资方案编制审批、投资过程控制、投资项目监管和投资效益后评价等方面工作。其特点是资本规模大型化、投资标的股份化、投资环境复杂化、投资效益长期化。

小浪底控股有限公司（简称控股公司）自成立以来，在股东单位的正确领导下，严格按照《公司法》及公司章程，依法按规办事，努力打造高效规范的投融资平台。

一、控股公司概况

2013 年底，开发公司和黄河小浪底水资源投资有限公司（简称投资公司）商定共同出资组建投融资平台公司，并获得小浪底管理中心的批准。2014 年 4 月 11 日完成公司注册工作，注册资本 5 亿元，经营范围是水利、水电、城市供水、污水处理相关项目投资和清洁能源投资等。现注册资本金已全部到位，其中，开发公司出资 4.5 亿元，持股比例为 90%；投资公司出资 0.5 亿元，持股比例为 10%。

2014 年 8 月小浪底管理中心批复了控股公司机构设置和人员编制方案。内设综合部、财务部和投资部 3 个部门；核定人员编制 12 人，其中，总经理、副总经理、总会计师各 1 人，3 个部门各 3 人。11 月成立了控股公司党支部和工会，分别隶属开发公司党总支和工会。

2014 年 9 月，控股公司部分人员陆续到位，开始在郑州生产调度中心 2 楼正式办公。现已到位人员 8 人。全体职工积极适应新的工作环境，认真学习小浪底管理中心和开发公司规章制度，努力投入新的工作。

二、完成的主要工作

控股公司成立以来，紧紧围绕“转方式、抓机遇、稳发展”的主题，以夯实基础、规范经营、控制风险为目标，各项工作开局良好。主要工作如下。

（一）建制度、打基础

为了使公司运作有据可依、有章可循，控股公司迅速着手制定公司管理各项规章制度。修订公司章程，依据股东单位的规章制度制定了股东会议事规则、工作规则、重大事项报告制度等 10 项基本管理制度，并通过了股东单位组织的联合审查，经试行后报股东会批准执行。日常工作管理办法如公文处理、合同管理、安全管理、工作纪律等 18 项管理制度也完成了拟定并开始试行。

（二）定计划、稳发展

根据小浪底管理中心对控股公司作为开发公司和投资公司开展多元化经营的投融资平台的战略部署和以主要投资大中型水电项目为主的开发方向，按照量力而行、控制风险、稳步发展的原则，控股公司完成了 2015 年收购广州华南水资源投资有限公司（简称华南投资公司）股份、华南投资公司增加注册资本工作、参股湖北官渡河水电发展有限公司（简称官渡河公司）和研究收购汉江水电开发有限责任公司股份的对外投资方案，按照国有资产保值增值的原则，编制了2015年度财务预算。控股公司2015年度对外投资5.4亿元。

（三）拟方案、慎投资

根据股东单位资产重组情况和发展需求，控股公司开展收购华南投资公司股份的研究。完成了投资意向、财务审计和资产评估，编制了投资方案，并履行了相关审批程序。在召开的临时股东会议上，确定收购投资公司持有的华南投资公司27.5%的股份，并于2015年4月顺利完成。

根据年度投资计划安排，2015年初控股公司完成参股官渡河公司的意向报告，并通过开发公司党政联席会专题审查，获得小浪底管理中心同意和临时股东会议的批准。现投资公司正在实施有关换股工作。控股公司将根据换股后的情况，研究制订有关参股方案。

（四）重监管、控风险

在收购华南投资公司股权后，控股公司与股东单位一起认真研究华南投资公司"三会"议案和其控股的广西大藤峡水利枢纽开发有限责任公司投资计划与财务预算等事宜，按照严格控制风险的原则，并报小浪底管理中心批准，提出了股东审查意见。参与华南投资公司董事、监事有关人选的推荐工作。按时组织有关人员参加"三会"，董事和监事在会议上按照出资人代表的决议认真履行职责，"三会"达到了预期效果。5月7日华南投资公司"三会"的召开，标志着控股公司对外投资进入投资项目监管阶段。

（五）转方式、谋长远

控股公司根据股东单位较少的实际情况，转换法人治理结构，采用执行董事方式加强经营管理，加大控股股东的决策和监管职责，既提高了决策效率又增强了执行力。针对水电项目投资回收期长的现实情况，控股公司认真研究存贷款政策，对未支付资金采用优化组合存款，并尝试向拟参股项目预先借款的方式，增加控股公司近期收入，保证公司的正常运转和国有资产的保值，也为企业的中远期发展进行了有益探索。

三、存在的不足

对照"六个一流"标准的要求，控股公司的工作中还存在以下不足。

（一）政策法规研究不透

对外投资与国家的各项政策息息相关，也涉及公司治理结构、国有资产监管、投资立项审批、项目实施管理、财务会计核算、金融市场环境、纳税策划管理等多方面的法律、法规、规章、规范，而且在全面深化改革的环境下，新的规定不断出台，控股公司的学习任务非常繁重。

（二）投资监管手段缺乏

面对党和国家要求加大投资监管责任的规定，控股公司对参股股东职责研究不透，对投资企业的再投资项目的监管缺乏有效手段。

（三）经营效益有待提高

控股公司的主业是水利、水电项目投资，其特点是社会效益较大、投资回收期较长。目前，控股公司虽然实现了国有资产保值责任，但投资效益不太明显，需深入研究在坚持主业的条件下，如何增加国有资产经营效益问题。

四、投资管理的发展趋势

随着国家投资体制改革的不断深入，我国的投资管理呈现以下趋势。

（一）企业投资主体地位得到加强

根据党的十八届三中全会精神和《国务院机构改革和职能转变方案》等要求，国家发展改革委围绕"深化投资体制改革，确立企业投资主体地位"的改革目标，修订颁布了《政府核准投资项目管理办法》，进一步落实企业投资自主权，市场前景、经济效益、资金来源等“内部性”条件均由企业自主决策，政府仅对“外部性”条件进行审查和把关。

（二）依法经营的理念不断深入

《中共中央关于全面推进依法治国若干重大问题的决定》提出建设中国特色社会主义法治体系，建设社会主义法治国家。社会主义市场经济本质上是法治经济，国家将以保护产权、维护契约、统一市场、平等交换、公平竞争、有效监管为基本导向，完善社会主义市场经济法律制度，保护企业以法人财产权依法自主经营、自负盈亏。

（三）追求股东利益最大化成为企业经营的目标

股东利益最大化是指在考虑资金时间价值和风险的情况下，企业的经营决策以股东利益最大化作为企业价值目标，其实质就是所有者权益最大化，即指通过财务上的合理经营，采取最优的财务政策，充分利用资金的时间价值和风险与报酬的关系，将企业的长期稳定发展摆在首位，满足各方利益关系，不断增加企业财富，使企业总价值达到最大化。

（四）风险管控成为投资企业管理的重要方面

投资型企业面临政策、法律、金融、决策、技术、管理等方面的风险。要追求所有者权益最大化，实现企业长期稳定发展，就必须对风险进行管控，确保不发生较大的风险，控制一般风险，使企业在发展道路上不出现大的起伏，从而满足各方的利益诉求。

五、面临的形势和任务

2015 年是落实小浪底管理中心“四五”规划开局之年。小浪底管理中心在 2015 年度工作会议上提出“转方式、抓机遇、稳发展”的主题。控股公司认真学习讲话精神，深入领会报告内涵，理清工作思路和目标。

（一）结合实际转方式

2015 年控股公司的工作任务较重，做好控股公司对外投资工作必须转方式，必须主动转、加快转，要从思想上转变。

始终坚守依法经营理念。对外投资是政策性很强的一项工作，投资方向、投资决策、投资项目、投资管理必须严守国家的法律、法规和相关政策。

牢固树立资本运作理念。通过资本运作，才能盘活账面资产；通过股权流通，才能实现资产的市场价值；通过资本重组，资本的利用效率才能够较快地提高。

不断提高追求卓越意识。开发公司大力倡导“把工作当作品、把卓越当习惯”的工作态度。做好项目投资是控股公司的首要职责，当做则做，做必做好。新形势要求控股公司必须乘势作为，不甘平庸，追求卓越，止于至善。

（二）认清形势抓机遇

争取重点水利工程建设的机遇。国务院决定建设 172 项重大水利工程，这是新形势下加快水利发展的又一次重大机遇。控股公司应高度重视这一机遇，为参与黄河流域相关工程的开发创造条件。

研究国家鼓励社会投资的机遇。国务院出台了鼓励社会投资的指导意见，有关部委陆续印发吸引社会投资的具体办法。我们应抓住社会资本投资的机遇，尽快具备相关投标资格，在水源工程、城市供水等领域寻找中标机会。

抓住中心优化股权结构的机遇。小浪底管理中心“四五”规划提出整合优化部分水电开发项目资本结构和管理框架。控股公司将按照小浪底管理中心和开发公司、投资公司的安排，切实抓住机遇，今年完成相关项目的股权收购工作。

（三）规范经营稳发展

控股公司要通过以下三个方面的措施实现稳步发展。

（1）认真调研打基础。在新形势、新机制、新平台下开展对外投资，控股公司必须认真开展调查研究，搞清“新”情况，做好重大水利工程、投融资体制改革、政府和社会资本合作模式（PPP）、资本运作方式等调研，为科学决策奠定基础。

（2）科学决策讲程序。控股公司将完善公司治理结构，优化股东会议事规则，强化股东会决策职能，设立合法合规审查岗位，保证公司决策的科学、有效。

（3）规范监管促效益。控股公司在主动接受股东单位的监管的同时，应切实加强对投资项目的监管，建立对参股项目监管的有效机制。

（四）对标一流创平台

控股公司是股东单位实现对外投资的投融资平台，类似于企业内部银行，必须努力与一流企业对标，引进成熟的管理经验，控制经营过程中的各类风险。努力与股份公司对标，学习上市公司完善的法人治理结构，保证投资的有效、高效；努力与金融企业对标，认真研究商业银行的风控模式，消化吸收其有益经验，将风险控制到最小。

六、下一步工作计划及主要措施

（一）认真学习投资有关法律法规

深入开展《国有资产管理法》《公司法》《合同法》《安全生产法》《会计法》《审计法》培训，认真学习《财政违法行为处罚处分条例》《中国共产党纪律处分条例》等法规，明晰企业的法定责任，严守法律法规的底线。收集和研究国家发展改革委、国资委、财政部、水利部等关于项目投资的有关规定，提高依规办事的能力，不违规、不逾矩。

（二）加强拟投资项目论证和审批

按照中央级事业单位所属企业投资监管的有关规定，严格按照“公众参与、专家论证、风险评估、合法性审查和集体讨论”的法定决策程序，认真开展拟投资项目的论证和审批，确保投资项目合法有效。按照国资委风险管理指引，开展拟投资项目的相关尽职调查，避免大的投资风险。条件具备后，尽快进行参股官渡河公司的资产评估、投资方案拟订、转让协议、股权交割等工作。完成收购汉江水电公司股份的投资意向报告和投资方案报告，为今后进行股权收购做好一切必要的准备。

（三）强化投资项目监管和服务

提前研究控股投资企业的管控办法，为控股公司的发展做好准备。全面落实参股的投资企业"三会"精神，按照规定程序完成相关工作，规范履行有关监管职责。深入研究再投资企业的监控措施，根据相关的法规尽职履职，做到不缺位、不错位、不越位。

（四）认真研究水电相关投资市场

在股东单位的直接领导下，重点关注列入国家"十三五"规划的 88 项重大水利工程，特别是黄河流域投资较大、收益较好的项目，完成调研报告，为股东决策提供有力支持。学习国务院和地方政府发布的政府与社会资本合作（PPP）政策，深入研究新形势下的投资政策，为项目储备做好理论上和思想上的准备。

（五）努力实现股东利益最大化

进一步完善法人治理结构，规范召开股东会议，认真履行报批程序，切实尊重出资人代表和股东"投资收益、参与重大事项决策、选择管理者"的权利；坚持专业化投资的方向，专注水电相关行业的投资，有效规避一般管理风险；严格财务管理，加强资金的阶段性管理，使股东投资的每一分钱充分发挥效益；探索向投资项目融资和融资租赁的管理方式，有效缩短投资回收期；研究合理使用银行贷款，利用外部资金为股东谋利益。

服务类

FUWU LEI

环境资源管理

HUANJING ZIYUAN GUANLI

常献立

一、环境资源的基本情况

（一）小浪底水利枢纽管理区和水库淹没影响土地

小浪底水利枢纽（以下简称小浪底工程）管理区占地及水库淹没影响涉及河南省的洛阳、济源、三门峡和山西省的运城4个市、10个县（市、区）、39个乡（镇）、221个行政村，共征用土地436 716.82亩，其中小浪底水利枢纽管理区占地涉及洛阳市吉利区、孟津县和济源市，征地总面积13 865.93亩；水库淹没影响共计征用422 850.89亩，其中山西省115 905.69亩，河南省306 945.2亩。

（二）西霞院反调节水库管理区和水库淹没影响土地

西霞院反调节水库（简称西霞院工程）占地共涉及洛阳市孟津县、吉利区、济源市等3市（县、区）、4个乡（镇）、15个行政村。共征用建设用地39 927.36亩，其中济源市22 694.68亩、孟津县11 889.27亩、吉利区5 343.41亩。

（三）后续征用、租用土地和委托管理土地情况

（1）根据2007年8月《小浪底水利枢纽北岸东大门建设与管理工作协调会议纪要》有关内容，小浪底工程连地管理大门征用土地20.199亩，土地证正在办理。

（2）2008年8月，小浪底工程官庄管理大门已办理土地证面积

为 188.3 亩。

（3）2009 年 11 月，小浪底工程河清管理门已办理土地证，面积为 17.055 亩。

（4）2011 年 11 月，为加快西霞院工程南岸管理门土地征用手续办理，小浪底建管局委托孟津县白鹤镇人民政府负责该区域 9.17 亩土地征用、地面附属物清除及相关证件办理工作。目前，相关征地手续正在报批中。

（5）2012 年 5 月，黄河水利水电开发总公司和孟津县白鹤镇人民政府签订了《小浪底水利枢纽马粪滩工程备料场南侧山地承包经营合同》（合同编号为：XLDY 12059），承包土地 570 亩，期限为 50 年。

（6）2012 年 7 月，黄河水利水电开发总公司和济源市坡头镇蓼坞村签订了《蓼坞村衙门口区域土地承包经营合同》（合同编号为：XLDY 12101），承包土地 140 亩，承包期限 50 年。

（7）2012 年 8 月，黄河水利水电开发总公司和济源市坡头镇蓼坞村签订了《小浪底建管局蓼坞东沟土地与蓼坞村圪垴洼土地互相委托管理合同》（合同编号为：XLDY 12102），委托管理土地 108.78 亩，期限 50 年。

（8）2013 年 5 月，西霞院工程北岸管理门建设用地 28.866 亩，已办理土地证，编号为：洛吉国用（2013）第 03100065 号。

（9）2013 年 6 月，黄河水利水电开发总公司和孟津县白鹤镇人民政府签订了《孟津县白鹤镇河清村土地承包经营合同》（合同编号为：XLDY 13106），承包土地 60 亩，期限为 20 年。

（10）2014 年 1 月，西霞院工程南岸管理门东北侧租赁堡子村土地 7 亩，共 50 年。

（11）2014 年 3 月，租赁西霞院大坝上游约 2 km 处南岸王庄村北侧临河区域 18.51 亩。

小浪底工程和西霞院工程共计征地 476 907.77 亩，其中租用土地 795.51 亩，委托管理土地 108.78 亩。

二、环境资源管理工作的现状

（一）土地证办理情况

目前，除小浪底工程连地管理大门、西霞院工程南岸管理门土地证尚未办理外，其余区域土地证均已办理完毕。

1. 小浪底水库及枢纽管理区

（1）地方政府于 1999 ~ 2009 年共给小浪底建管局核发小浪底枢纽管理区永久占地土地使用证 15 份。

（2）2011 年，办理山西省境内小浪底库区平陆县、夏县、垣曲县 3 份土地证。

（3）2012 ~ 2013 年，办理河南省境内小浪底库区 15 份土地证。

2. 西霞院工程

2008 ~ 2013 年办理西霞院工程管理区、库区永久占地土地使用证 9 份。

（二）小浪底和西霞院工程库区管理

1. 基本情况

库区管理主要包括库区巡查、消落区管理、库周地质灾害处理、移民遗留问题处理、库周整治、库区防汛、库区安全、库周开发项目规范等。

2. 管理现状

（1）库区巡查：巡查内容包括库周塌岸滑坡、库周地质灾害、违章建筑、违规倒渣、无序水面养殖以及其他影响库区安全运行的事项。

巡查机制：库区巡查采取库周定期巡查、定点巡查和库区水面定期巡查相结合的方式。另外，根据工作需要安排专项检查。

库周定期巡查，由开发公司与库区管理中心联合开展，每月组织 1 次库周例行定点巡查。建立巡查工作制度，选定库区重要村点，每月定期报送负责区域的库区巡查情况。

库区水面巡查：开发公司与库区管理中心每月开展一次库区水面例行检查，主要是规范和清理库区网箱养殖，制止在小浪底工程主坝前2.4 km范围内水面、滑坡体周边水面、黄河干流主航道和主要支流航道水面设置网箱，保证主航道畅通。

巡查发现问题处理：对库区巡查发现的问题根据问题性质进行分类处理。一般问题由开发公司负责处理；重大问题需要小浪底管理中心出面协调地方政府有关问题，由开发公司报请小浪底管理中心协调处理；水事违法问题由库区管理中心通过水政执法处理。

（2）关于水库消落区管理工作：按照原水利部小浪底水利枢纽建设管理局分别与山西省移民工作领导组办公室和河南省移民工作领导小组办公室签订《黄河小浪底水利枢纽工程库区消落区土地利用管理委托协议》，对消落区土地开发利用和管理工作进行监督检查，强化库周界桩、宣传牌和警示牌等管理设施的建设和维护工作。

（3）库周地质灾害处理：在库区巡查过程中高度重视库周地质灾害防治工作。根据地方人民政府移民部门的反映，随时做好库周地质灾害调查工作，掌握库周地质灾害的总体情况。按照小浪底管理中心的统一部署，做好库周地质灾害相关工作，确保总体掌握库周地质灾害成因、实物指标和投资情况等。

（4）移民遗留问题处理工作：及时妥善处理移民来信来访工作，高度重视防止移民返迁工作。

（5）库周整治：2011～2013年小浪底水利枢纽管理中心会同河南省人民政府移民工作领导小组办公室对小浪底和西霞院工程库区（河南段）违章建筑进行了清理，对网箱养鱼进行了清理和规范，对乱倒矿渣进行了初步治理，使库区违章建筑得到了遏制。

（6）库区防汛：按照小浪底管理中心要求，在库区巡查过程中，开展防汛宣传和汛期检查工作，加强库区防汛监管。

（7）库区安全：按照小浪底管理中心安委会要求，负责小浪底和西霞院工程水库库区安全监管工作。

（8）库周开发项目规范：加强库周开发宣传教育工作及监管；加强和地方开发单位联系，交流沟通，做到防范于未然。

（三）小浪底公共事务管理

1. 基本情况

公共事务主要包括小浪底水利枢纽管理区（包括西霞院反调节水库管理区）环境卫生管理；绿化、养护管理；道路养护、维护管理；森林防火；白蚁防治；污水处理；枢纽管理区环境区域整治管理和枢纽管理区其他公共事务管理工作；以及同地方人民政府主管部门业务联系协调等工作。

2. 管理现状

分区域实行三级责任管理。

一级管理由环境资源部负责枢纽管理区公共事务的统一协调管理及日常巡查工作，负责委托合同项目的管理及协调，负责组织委托合同项目的验收，组织各种专项检查。

二级管理根据枢纽管理区实际工作需要分区域进行管理，具体划分为：

（1）党群工作部：负责小浪底文化馆区域。

（2）生产保障部：负责本部门所属的仓库、泵房及加压站、水源井（池）、变电站、配电房等区域。

（3）信息管理部：负责本部门所属基站等区域。

（4）水工部：负责小浪底、西霞院水利枢纽的生产核心区域（含大坝等水工设施）；西沟水库及附属设施区域。

（5）检修部：负责本部门所属的厂房、地面控制中心和小浪底工程开关站等区域。

（6）后勤管理部：负责桥沟办公区与生活区、东山基地、枢纽维修中心办公与生活区、本部门所属的仓库区等区域。

（7）保卫部：负责小浪底工程武警营地；西霞院工程保安营地、

小浪底工程武警营地三大队队部西侧区域（原水电十四工程局营地）；武警、保安执勤岗亭、小浪底工程坝后水塘、西霞院工程坝后左岸水土保持区域水塘区域。

（8）档案管理部：负责本部门所属档案馆区域。

（9）环境资源部：负责枢纽管理区内以上部门责任区以外的区域。

三级管理根据工作需要由开发公司将环境卫生、绿化管理、道路养护、森林防火、白蚁防治、环境整治、污水处理、其他公共事务管理等委托专业公司进行管理。

3. 管理方式

（1）根据分级管理原则加强公共事务管理工作，做好枢纽管理区公共事务功能和职责划分，对交界区域共同管理；采取定期和不定期巡查，加强对环境卫生、污水处理、道路、商业网点等公共事务管理，督促落实公共事务委托管理有关协议，加强协议执行情况的检查、验收工作。

（2）加强环境区域整治及绿化管理工作：按季节要求及时协调枢纽管理区区域环境整治及绿化，配合做好已完成绿化项目验收。按照“预防为主，积极消灭”的方针，做好森林防火的有关工作，做好绿化养护委托协议的管理验收工作。

（3）加强环境协调：积极处理好与当地政府部门、村镇的关系，努力实现和睦相处、互利共赢，创造良好的周边环境。及时协调项目建设中与地方有关的问题。

三、存在的差距和问题

鉴于环境资源管理涉及范围广、工作头绪多、利益关系复杂、工作任务量大，目前和工作要求有较大差距，具体表现在以下方面：

（1）由于水库征地线较长、界桩埋置后较难寻找、库周群众对界桩进行移位或者破坏等，造成边界不明。今后，我们需加大界桩埋设密度，探寻新的边界管理办法，既让边界明确，又让界桩不易遭到破坏。

（2）库区违章建筑、违规倒渣、网箱养鱼等违法、违规现象比较隐蔽，治理难度和群众抵触情绪较大。今后需加大巡查力度、探索多种收集信息方式，及时发现问题，联合地方有关部门进行治理。

（3）水库库周地质灾害处理，往往因为单位和地方站的角度不同，难以形成统一意见，最终需国家有关部门的审批。

（4）对违章建筑拆除工作，需进一步加大工作力度。

（5）公共事务管理，枢纽管理区点多面广，在日常巡查中尚未做到不留死角；有些还涉及老百姓的切身利益，需要做大量的协调解释工作，严重影响工作效率。

四、下一步打算

（一）土地管理方面

土地资源的保护、利用、开发管理工作规范有序；土地管理范围清晰，规范有序；土地证办理准确高效。

（1）对已办理土地证的区域，有计划地组织加密埋设界桩，力争让周边政府部门和群众都知道征地边界。

（2）对未办理土地证的区域，积极协调处理相关问题，早日办理土地证：目前主要有小浪底工程连地管理大门、西霞院工程南岸管理门。

（3）对土地资源的保护、利用、开发规划及时提出建议和意见：包括对孟津县提出的使用小浪底工程官庄管理大门西侧 153 亩土地问题提出处理意见、对地勘队的搬迁补偿提出处理意见等。

（4）做好土地管理相关资料的档案归档工作。

（二）库区管理方面

（1）加大小浪底水库和西霞院水库巡查力度，做到提前预测，针对库周地质灾害的发生、违章建筑的清理、移民返迁、网箱养鱼、水库安全等可能出现的情况，做到早发现、早处理，避免出现群访事件。

（2）继续做好库周地质灾害处理相关工作：按照小浪底管理中心和开发公司的统一部署，做好库周地质灾害相关工作，确保总体掌握库周地质灾害成因、实物指标和投资情况等。

（3）妥善处理移民遗留问题工作：及时妥善处理移民来信来访工作，高度重视防止移民返迁工作。

（4）加强消落区土地监管：2003 年 6 月和 2004 年 8 月，水利部小浪底水利枢纽建设管理局分别与山西省移民工作领导组办公室和河南省移民工作领导小组办公室签订《黄河小浪底水利枢纽工程库区消落区土地利用管理委托协议》。协议明确，开发公司对消落区土地开发利用和管理工作具有监督检查的权利和责任。

（5）做好库区防汛和安全管理工作：按照小浪底管理中心和开发公司要求，在库区巡查过程中，开展防汛宣传和汛期检查工作，加强库区防汛和安全监管。

（6）组织开展水资源保护工作：按照国家水资源保护方面的有关规定，组织开展库区水污染源调查，发现问题，及时处理。

（7）强化信息管理：组织编制库区管理信息化方案，建立信息上报制度。每月的工作信息中单列库区管理方面的内容，全面反映当月库区管理工作情况，同时报送小浪底管理中心和库区管理中心。

（8）开展库区巡查新技术研究：探索研究采用卫星遥感、无线电航模或小型无人飞机遥控摄像等新技术，通过定期分析对比，及时发现库周塌岸滑坡、库周地质灾害、违章建筑、违规倒渣、违规网箱养鱼以及其他涉及库区安全运行的事项。

（三）公共事务管理方面

对枢纽管理区环境卫生、道路管理等公共事务工作实行分级检查报告制度，加大管理区巡查力度，发现问题及时解决，做到有事不过夜；密切沟通协调，及时解决各种问题，做到不推诿扯皮；在绿化管理工作中根据季节的要求适时做好绿化养护维护及补植补栽工作，加强森林防火，在日常巡查工作的基础上每季度组织森林防火检查；枢纽管理区共有污水处理设施41台套，对污水处理管理工作实行专业公司负责运行维护、使用单位日常管理，环境资源部门组织检查验收，通过多级管理使枢纽管理区的污水达标排放；在区域环境治理工作中坚持发现问题及时治理的工作原则，积极协调各方关系，促进治理工作顺利进行。

（四）枢纽管理区秩序治理

制订方案、与地方沟通，在形成原则性意见共识的情况下，加强调查分析、具体商定协议，推进遗留问题的解决。

（五）强化环境协调

积极处理好与当地政府部门、村镇的关系，努力实现和睦相处、互利共赢，创造良好的周边环境。

（六）信访管理

按照法律法规，以事实为依据，实事求是解决信访问题。重点是对来信来访情况进行登记，查明情况，提出处理意见，及时反馈。

（七）完善工作机制

按照“六个一流”的要求，完善和细化本部门和个人具体的工作标准，进一步提高工作质量。创新工作机制，加强与其他部门横向沟通，进一步提高工作效率。

（八）完善规章制度

完善枢纽管理区、库区土地利用管理办法等各项规章制度和管理标准，形成有效管用的环境资源制度体系，提高精细化管理水平。

（九）思想作风建设

按照“巩固、深化、提高、发展”的要求，进一步落实工作责任，改进工作作风，解放思想观念，做到工作、学习、安全、廉洁统筹兼顾，团结进取，扎实做好各项工作。

信息管理

XINXI GUANLI

赵宏伟

一、基本情况

开发公司信息管理部正式成立于2014年2月，其前身最早可追溯到1993年组建的小浪底建管局通信队等机构和部门。长期以来，小浪底工程的信息化工作为工程的建设、管理发挥了非常显著的效益。

信息管理部内设网络科和通信科两个科室，编制12人，现有12名在职职工，其中副部长（主持工作）1人，科长2人，副科长2人，科级以下职工7人。

信息管理部负责小浪底管理中心计算机网络、通信网络、有线电视网络、视频会议系统和办公自动化系统的规划、建设、运行管理和信息安全管理工作。

自信息管理部成立以来，按照小浪底管理中心的决策部署和开发公司总体安排，在小浪底管理中心、直属单位、所属公司各部门（单位）的大力支持和配合下，信息管理部各项工作扎实开展、有序推进，初步形成了团结互助、积极工作、奋发向上的工作作风。

二、信息化现状

小浪底管理中心信息化建设工作起步较早，已经建成满足基本通信需求和数据传输的基础传输网络，能够对单位内部提供电话、有线电视、互联网和视频会议等业务功能，基本实现了流程控制电子化，生产调度自动化。但是与建设“企业生产自动化、管理方式网络化、决策支持智能化、商务运营电子化”的要求还存在较大的差距。

（1）机房部署：现有信息化设备，分别部署在郑州、济源和洛阳三地，主要机房有通信机房、网络机房、有线电视机房和微波站机房等 14 个机房（其中 4 个机房为租赁）。这些机房较好地满足了当时通信及各类业务的需求。但由于机房建设较早，配套设施严重老化，不具备智能化管理的功能，在新设备安装和后期维护管理上存在问题。

（2）电话系统：电话系统覆盖郑州、济源和洛阳三地，现有用户2 500户左右，传统 PSTN 交换机和 IP 交换机并存，区域间的网络采用专线的方式进行互通。

电话系统核心交换机容量 5 400 门，其中华为 C&C08 交换容量 3 400门，华为 IP PBX1980 交换容量 2 000 门。主要满足小浪底管理中心生产、生活、调度的通信需求。其中，华为 C&C08 设备使用时间在 10 年左右，维护较为困难，易发生故障。同时存在电话计费系统功能缺失等问题。

（3）计算机网络：计算机网络主要覆盖的区域有郑州生产调度中心、枢纽管理区和洛阳生活基地，满足约 1 800 用户的管理、生产和生活需求。分别在郑州生产调度中心设置一条百兆和一条十兆出口、在枢纽管理区设置两条百兆出口，郑州生产调度中心局域网与枢纽管理区局域网通过 VPN 通道实现同步运行，出口带宽峰值流量占用率已经达到 90% 以上。随着生产、生活的需求水平不断提高，现有计算机网络不能满足各类业务的承载需求。

（4）视频会议：视频会议系统目前分布在 4 个地点，共有 6 个视频会议室，共配置 1 台标清 MCU 控制单元、1 台高清 MCU 控制单元和 9 套终端设备（4 套高清终端、5 套标清终端），主要满足小浪底召开视频会议的需求。其中，标清系统建设时间较早，且无法接入水利部高清视频会议系统。

（5）有线电视：枢纽管理区原有线电视网络用户约 800 户，采用模拟卫星信号接入，共有 40 套标清节目。采用的模拟信号存在图像不清晰、信号不稳定、易受干扰、对网络压力大等问题，且网络结构复杂，节目源少、没有设备扩展空间。枢纽管理区有线电视数字化升级改造项目于 2015 年 12 月完成并投入使用，可收看河南有线电视网络传输的 100 多套精彩的电视节目。目前数字电视和模拟电视并行运行。

（6）传输网络：长途以微波传输为主，电路租用为辅；本地传输以光缆传输为主。早期，通信业务需求较小，投资少、建设快的微波传输为小浪底管理中心的发展做出了巨大的贡献。但随着小浪底的业务需求量越来越大，信息通信技术的发展，现有的微波维护协调量大、后期维护费用越来越高，需建设大容量、高可靠性的传输系统。

（7）应用系统：应用系统主要包含综合数字办公平台、生产管理系统、电子邮件系统等涉及全中心的应用系统和其他专业应用系统。应用系统具备信息化发展的基础软硬件资源，但由于没有统一的规划，信息化建设技术路线存在差异化现象，出现了多种问题和不足。

（8）信息安全：目前在物理环境方面部署有基本的防火防盗、防雷接地，通信线路基本为单路由传输；在基础网络方面部署有防火墙和入侵防御设备；在系统应用方面部署有用户级安全策略及 DMZ 区；在数据安全方面采用人工备份方式；在安全管理方面制定有信息安全管理办法。以上安全部署，对信息系统提供了一定的安全防护。但存在机房不完全符合规范，设备和线路无安全保障措施，安全设备老旧，网络结构不合理，单点故障多，安全防护不全面，无成体系的信息安全保障系统等问题。

三、信息化管理工作

小浪底管理中心设立信息化工作领导小组（简称领导小组），负责小浪底管理中心信息化工作的总体规划和统筹管理，组织贯彻落实上级有关网络和信息安全工作的方针政策，研究并协调解决信息化工作中的重大问题。

领导小组办公室（简称信息办）设在开发公司信息管理部，主任由开发公司信息管理部主要负责人担任。信息办负责组织拟订小浪底管理中心信息化工作规章制度；负责小浪底管理中心信息化规划的编制和组织实施；负责小浪底管理中心网络和信息安全管理；组织小浪底管理中心信息系统建设和日常维护；组织落实小浪底管理中心信息化工作领导小组交办的其他工作。

小浪底管理中心信息化管理工作遵循“统一领导、集中监管、分工负责”的原则。信息管理部负责统一运行维护计算机网络、通信网络、有线电视网络、视频会议系统，以及涉及全中心的专业应用系统，包括综合数字办公平台、生产管理系统、小浪底对外网站、电子邮件系统、小浪底视频会议系统、电子招投标平台等。其他专业信息化应用系统，包括会计电算化系统、人力资源管理信息系统、安保监控系统、郑州集控系统、闸门监控系统、枢纽安全监测系统等，由小浪底管理中心相关业务部门（单位）分别进行管理。

小浪底管理中心信息化管理工作也存在一些问题，包括制度有待完善、安全专业技术人员不足、安全技术防范手段和安全管理制度缺失、涉及全中心的平台系统缺乏分权分域、维护效率偏低等问题。同时，当前涉及信息化日常运维、系统升级或故障处理等方面的工作主要依靠外部辅助服务类经济合同单位和厂家推进实施，对外部依赖度过高。

四、信息化发展前景

信息化是当今世界发展的大趋势，信息资源已成为与物质资源和人力资源同等重要的三大战略资源之一，信息技术正以其广泛的渗透性和无与伦比的先进性与传统产业结合，信息化已成为推进国民经济和社会发展的助力器。党的十八大报告明确提出把“信息化水平大幅提升”纳入全面建成小康社会的目标之一。

水利部《全国水利信息化发展“十二五”规划》确定了“以需求为导向，以应用促发展，全面规划、统筹兼顾、突出重点、整体推进、加强资源整合与共享利用，完善信息化工作体制与发展机制，提升水利综合决策能力”的水利信息化发展思路。

小浪底管理中心高度重视信息化工作。信息化规划编制工作是2014年度小浪底管理中心和开发公司工作会议安排部署的一项工作目标和任务。目前，信息化规划（2015～2019年）编制工作已经基本完成。

小浪底管理中心信息化建设总体目标为：到2019年，通过构建高速泛在的信息基础网络体系、先进实用的水利业务应用体系和安全完善的信息化保障体系，实现信息化全面支撑小浪底管理中心及所属企业业务和管理发展，形成统一的企业级数据中心。整体信息化水平力争达到国资委央企信息化水平评价A级水平。信息化管理能力再上新台阶，基本实现组织架构科学合理、信息化管理流程优化高效、信息资源管理优质集约、信息化工作考核与评估精细全面的信息化管理格局。

（一）近期目标

重点建设信息化基础设施，基本建成信息网络、数据中心和安全体系；建设重点应用系统，逐步部署其他应用系统；健全信息化建设运行管理体制，统一标准规范，加强信息化管理体系建设，营造信息化保障环境。通过以上部署，基本形成小浪底管理中心信息化综合体系，逐步解决信息资源不足和资源共享困难，提供满足基本业务需要的信息服务，提高管理效率。

（二）远期目标

推动小浪底管理中心管理和业务的协同融合，实现小浪底管理中心计算机技术、通信技术、控制技术的融合，实现先进的成熟技术与业务管理的融合，确保信息系统安全、稳定，满足小浪底管理中心及所属公司管理、生产和经营需要，以信息化推动管理水平的持续提高和工作效率的不断提升。深入开发水利信息资源，完善水利信息基础设施，持续改善信息化保障环境，全面推进重点业务应用，提高信息资源利用水平，提供全面、快捷、准确的信息服务，增强决策支持能力，建设数字小浪底，全面实现信息化。

五、下一步主要工作思路和措施

展望未来，信息管理部的工作目标是："以小浪底管理中心和开发公司安排部署的任务为引导，优化完善信息通信网络基础设施和资源，强化运行管理措施，持续提升信息技术水平，增强信息化服务能力。"主要工作思路和措施如下。

（一）全力以赴，做好小浪底管理中心信息化规划落实工作

按照小浪底管理中心关于信息化项目建设的决策部署和开发公司的总体安排，在各个项目方案的制订和组织实施中，将安全、质量、投资、合同、进度作为首要要求和控制重点，将按程序运作作为基本要求，安全、优质、如期完成信息化项目。同时，将根据第一阶段的规划落实情况，做好规划的补充、完善工作。

（二）推动开展风险管理，进一步提升安全管理工作

立足岗位自上而下开展风险源辨识，引导全体人员主动识别、评价隐患和薄弱环节；提倡合理化建议，并定期进行评比活动。

建立有效的自我监督和处罚机制，保障设备设施操作规范和运行安全，为整个团队创造平稳发展的环境。

规范安全信息报告程序，更快、更全面、更规范上报安全信息。

（三）不断加强管理，完善设备设施运维保障体系

针对系统设备老旧、维护工作量多、设备保障任务重等现实情况，我们要加强巡查，了解设备、线路、系统的运行情况，加强总结、梳理工作，尽力保障网络和各信息系统正常运行。

同时，信息管理工作涉及小浪底管理中心各个部门、单位、外部相关单位及个人，我们要定期、不定期征询各部门、各单位意见，及时改进运行管理中存在的不足。一时不能马上解决的问题，做好沟通工作，争取大家的充分理解和配合，按“轻重缓急”，尽快处理。

逐步建立健全基础网络、重点应用系统的运行维护工作规程。

加大备品备件管理力度，实现对各种备品备件的动态管理。

进一步加强对辅助类经济合同单位等的合同管理工作。

（四）夯实基础，打造和谐、专业的工作团队

信息管理部致力于保持强烈的敬业精神，发挥好个人专长，努力营造一支既有分工、又有协作的专业工作团队。

由于信息技术自身的发展特点所决定，大量的新技术、新服务会不断地、快速地涌现出来，在实际工作中要老老实实地学习，不懂就问，不会就学，用好“外脑”，既勤奋干事，又努力协调好上下、左右、内外，搞好制度建设，努力从软件、硬件到人员都一一准备到位，努力使工作能够程序自然、循环有序地开展起来。

积极创造条件吸收、培养优秀的高端信息技术人才，既要用事业激发人才的动力和毅力，也要重视必要的物质激励，逐步提高信息管理整体技术力量，为开发公司、小浪底管理中心信息化储备人才。

（五）抓好阵地，发挥作用，促进部门各项工作有条不紊地全面开展

以“创先争优”活动为龙头，配合支部工作，加强部门建设，将党的思想政治优势、组织优势和群众工作优势，转化为部门管理工作的创新优势、竞争优势和发展优势。

以“职工之家”建设为支点，推动文化建设。注重文化建设，积极组织、踊跃参加，开展形式多样的活动，团聚力量凝聚人心。

以“文明创建”为载体，深化文明成果。以“实现文明创建工作的常态化、长效化，不断提升信息管理部的整体形象”为创建目标，结合安全、服务、管理等各项工作，为争创第四届全国文明单位做出自己应有的努力。一方面，开展思想道德和职业道德教育，通过学习贯彻落实“十八大”精神等，增强践行“六个一流”的责任感和使命感。另一方面，收集全中心用户意见和建议，努力改进服务质量，提升服务水平。

档案管理

DANGAN GUANLI

王和平

黄河水利水电开发总公司（简称开发公司）档案管理部负责小浪底管理中心及开发公司和投资公司文书、科技、实物档案收集管理工作，负责保管财务档案，协助管理人事档案。根据工作职责，围绕"六个一流"目标，谈谈档案管理部的基本情况，主要工作情况及存在的问题，档案信息化建设发展趋势和档案实现"六个一流"目标的工作思路。

一、档案管理概况

开发公司于1995年成立了档案管理部门，负责小浪底水利枢纽管理中心（简称小浪底管理中心）及开发公司和小浪底水资源投资有限公司（简称投资公司）的档案管理，履行监督、检查、指导职能。

开发公司档案馆总建筑面积为2 894.29 m^2。其中，档案库房面积1 423.9 m^2，办公室及阅览室1 398.4 m^2；档案库房配备了116列电动智能密集架、3台自动恒温恒湿机及自动记录系统、防磁柜、消毒柜、保密柜、计算机、打印机、复印机、扫描仪等设备；库房安装了火灾自动报警及气体灭火系统。

开发公司于1998年获得省部级档案管理达标企业，1999年被评为国家二级档案管理达标单位，2013年被河南省档案局评为档案规范化管理特级企业，2014 年被水利部评为档案工作规范化管理一级单位。

二、档案管理主要工作

（一）组织建设

按照“统一领导，集中管理，分级负责”的原则，建立了由小浪底管理中心领导分管，办公室主管，开发公司档案管理部门负责，各部门（单位）专兼职档案管理人员组成的档案管理组织网络，并将档案管理工作纳入整体发展规划、档案经费纳入年度预算管理、档案收集与归档纳入各部门（单位）工作职责，确保了档案管理有规划、经费有保证、绩效有考核、任务有落实。

（二）制度建设

先后修订完善了档案管理规定、电子公文归档管理办法、文书档案管理实施细则、会计档案实施细则等制度，并建立健全了与档案管理相关的保密工作管理规定、档案利用制度、档案鉴定及销毁制度等 22 项制度，覆盖了文书档案、科技档案和专门档案的收集、整理、保管、利用、销毁等各个方面，为档案工作科学规范管理创造了条件。

（三）队伍建设

目前有专职档案管理人员 5 人，兼职档案管理人员 22 人，均具备大专及以上学历，并接受了档案业务培训，80% 的档案管理人员具备中级及以上专业技术职务。

近年来，档案管理部门组织干部职工举办文书档案、科技档案、移民档案管理培训班 11 期，先后组织 19 人次参加了水利部办公厅、河南省档案局组织的档案专业培训班；利用小浪底数字办公平台进行档案知识系列讲座，小浪底管理中心及开发公司、投资公司干部职工先后有 500 余人次浏览阅读，对普及档案知识发挥了积极作用。

（四）信息化建设

2004 年，档案管理部门配置了东方飞扬档案管理系统，实现了档案目录查阅信息化；2007年，档案管理部门着手对纸质档案进行数字化加工，按照档案的保管期限、重要程度、查阅次数确定了数字化加工工作程序和工作内容；截至2014年底，小浪底工程重要档案完成了数字化加工，西霞院工程主体工程档案全部完成数字化加工，文书档案实现了“当年归档、当年扫描、当年网上查阅”。目前，只要经档案管理部门授权，在小浪底水利枢纽办公区域任何一台计算机上均可实现网络查阅档案。

（五）集中管理

自2010年起，档案部门即对全中心文书、科技、会计、音像、实物档案实现了集中管理。截至2015年12月30日，库存各类档案124 616卷（件），包括科技档案76 096卷（含竣工图纸55 149张），文书档案32 729件，非纸质载体档案5 623张（盘），实物档案168件、岩芯10 000余箱，图书资料41 000余册。

（六）保密管理

一直以来，档案部门严格执行有关保密规章制度，做到所有密级纸质档案不进行数字化处理，均存放在档案馆保密柜，由专人负责保管。对于非涉密文件、非内部事项档案的数字化加工工作，开发公司委托由在河南省档案局备案、专门从事档案服务工作的中介机构承担。该机构自承担小浪底管理中心档案数字化加工工作以来，严格遵守保密规定，从未出现所加工档案数字化内容外漏情况。

（七）保管保护

档案管理部门严格按照有关规定，建立了档案突发事件应急处置预案，对库存档案开展了规范化清理，对破损或字迹不清的档案进行了修复，并将所有档案进行了入库消毒。目前，档案库房保管的档案无霉变，无褪色、污损、蛀、咬等现象，从未发生档案失密、泄密和火灾、水淹等事故，有效地保障了档案的安全与完整。对于重要的档案，做到了全文扫描、异质载体备份。

三、档案工作存在的主要问题

开发公司档案管理虽然取得了一些成绩，但认真对照档案规范化管理标准，还存在一些问题，主要表现在以下几个方面：

一是档案基础性工作还存在一定差距，部分小浪底工程前期工程档案收集不够完整和系统，部分文件还是复印件，造成档案资料不够规范。

二是档案利用率不高，查借阅档案还停留在“被动”阶段，仅仅是因为需要才来查阅档案，还没有完全发挥档案在“管好民生工程，谋求多元发展”方面的支撑作用。

三是档案收集还仅限于例行性工作，能够把制度规定的范围和种类的档案收集起来，但没有深入到管理科室、生产班组，把真正需要保存的例外性文件材料收集起来，为生产经营管理服务。

四是档案编研还没有达到深层次开发，仅仅停留在一般性的论文和科研项目，在水利系统还没有具有影响力的档案编研成果。

四、我国档案信息化建设及发展趋势

随着科学技术的不断发展以及计算机和网络在各领域的广泛应用。档案管理作为企业管理的重要组成部分，面临着现代管理方法和先进网络技术综合运用的挑战。档案工作要紧跟时代发展步伐，就必须充分利用信息化管理新技术，实现档案管理信息化、数字化。

（一）档案资源的信息化

档案信息化中的“信息”是支持档案资源运动的物质基础，这就要求档案人员积极主动地去挖掘、收集各种有价值的信息，敏锐地感受社会信息的变化；运用一定的技术手段创造适宜的社会条件，将其视为一种社会资源加以开发和利用。档案资源作为档案信息活动的基本资源，在量的积累上要达到一定高度，经过整合之后应能普遍地应用于社会生活的各个领域，不断丰富和完善档案资源建设，使档案信息不断“信息化”，这是档案工作追求的价值目标，也是创新的基础。

（二）档案信息数字化

档案信息数字化是档案信息化管理的重要组成部分，对加快信息化建设具有重要意义。把档案信息化纳入信息化建设的总格局，以档案信息资源建设为核心，以扩大档案信息资源开发利用为目标，加快推进档案资源数字化，已成为档案工作顶层设计的必然。档案信息资源数字化是数字档案馆建设的基本条件和前提，没有数字化档案资源库，数字档案馆就没有发挥其职能的物质基础；没有档案资源数字化，档案智能化服务、档案信息网上传递就无从谈起，档案对外开放与国际接轨进行信息交流，实现信息资源共享很难达到预期的效果。

（三）档案服务的多样化

首先是服务范围扩大化。传统档案馆主要面向到馆用户提供各种基本的档案信息服务。数字档案馆依托实体档案馆中和整个互联网上的信息资源，通过网络化、远程化的服务手段大大拓展了服务对象的范围。分散在各地的用户不必亲自到馆，只需要通过终端机接入互联网即可享受数字档案馆的档案信息服务。

其次是服务方式多样化。传统档案馆的服务时间非常有限，在开放时间之外无法提供任何服务，而数字档案馆则允许用户随时访问，并随时提供非人工的基本服务；传统档案馆依靠档案馆实体为服务空间，数字档案馆用户则可通过网络终端在任何地点登录从而接受服务，可以说数字档案馆真正打破了档案服务的时空障碍；传统档案馆以本地资源为服务导向，属于坐等利用者上门的阵地型服务，数字档案馆提供的是用户导向型服务，以用户需求为中心，可将用户感兴趣的信息资源通过网络推送到用户手中。

最后是服务内容深度化。传统档案馆受信息资源的限制主要提供的是以借阅为主的文献服务，只能向用户提供“问题的答案在何处”。数字档案馆则能够对各种文字、图像、音频、视频等档案信息进行检索和输出，深入到信息层面，实现由档案文献到档案信息的服务内容转化，告知用户“问题的答案是什么”。

五、今后工作思路及打算

（一）下一步工作目标

档案人员要认真学习并贯彻落实小浪底管理中心创建“六个一流”的总目标，自觉把档案管理纳入小浪底管理中心工作目标中，锐意创新，开拓进取，团结一致，努力创建新型档案馆，使档案规范化管理达到水利部特级标准。

（二）工作标准

（1）培养档案人员良好的思想素质、职业道德和敬业精神，主动学习，善于学习，熟练掌握岗位知识，取得中级以上档案专业职称；

（2）为小浪底水利枢纽安全运行提供档案资源支持，在水力发电机组检修、公共区域维护管理、土地使用证维权等方面及时总结档案、利用典型案例，档案利用取得显著效果；

（3）用好用活档案资源，积极开展档案编研工作，档案编研成果获得省部级奖励或发表在核心期刊；

（4）不断总结小浪底工程和西霞院工程项目档案管理经验，持续改进工程项目档案管理中存在的不足，实现项目档案管理达到全国建设项目档案管理示范工程标准；

（5）小浪底管理中心及所属公司每年档案归档率达到100%，档案查借阅规范有序，准确率达到100%；

（6）加强档案库房管理，使各类档案处于规范要求的温度和湿度范围内，达到档案库房“十防”。

（三）具体措施

（1）要围绕中心，服务大局。既做好开发公司档案利用，又服务小浪底管理中心及投资公司，努力满足“管好民生工程，谋求多元发展”的档案需求；

（2）要拓展领域、丰富内容，将档案工作向基层延伸、向新行业延伸、向新载体延伸，做到单位管理和生产经营发展到哪里，档案资源就征集到哪里，档案工作就覆盖到哪里；

（3）要加强管理、确保安全，坚持靠制度管人管事，构建科学配套、务实管用的档案管理制度体系，狠抓制度执行，切实维护制度的严肃性和权威性；

（4）要创新技术、改进手段，紧紧围绕档案工作中亟须解决的关键技术问题开展攻关，不断提高档案工作科技含量，逐步实现存储数字化、管理现代化、利用网络化；

（5）要强建队伍、提升素质，进一步优化知识结构，大力营造用心想事、潜心谋事、专心干事的良好氛围，为推动档案事业科学发展提供人才保证；

（6）要严格执行档案目标管理的标准，充分发挥现有自动恒温恒湿机的作用，计算机实时监控，保证档案处于良好保存环境；按照《档案工作突发事件应急处置预案》的要求进行演练，做到警钟长鸣，有备无患。

后勤管理

HOUQIN GUANLI

廖　波

一、后勤管理职责

从小浪底工程开工建设至今，后勤（服务）管理机构和职责范围历经转变，从生产生活保障并举、两岸三地（郑州、洛阳、工地）共管的企业办后勤模式逐步向后勤服务社会化方向和专业化管理模式转变。2014 年 2 月开发公司成立后勤管理部，负责枢纽管理区房产、物业、公务用车管理，生产区和生活区供水、供电支线管理，生产区和生活区制冷、供暖管理，职工食堂、职工活动中心运行管理，卫生防疫和洛阳生活基地的管理，以及枢纽管理区生态保护工作。

二、后勤管理基本情况

（一）后勤管理部人员结构

后勤管理部内设综合科、物业房产科、车辆管理科、卫生管理科、洛阳基地管理科、生态保护科、生活保障科 7 个科室，职工 39 人，管理辅助服务类经济合同单位 6 个，辅助类经济合同用工 400 余人。

（二）管理方式

小浪底水利枢纽管理区后勤管理部采用专业化管理和后勤服务

社会化管理相结合的模式。小浪底水利枢纽管理区物业服务、制冷供暖、职工食堂运营、职工活动中心运行、病媒生物防制、生态保护等工作委托专业管理运营队伍承担。洛阳基地基本实现后勤服务社会化管理，后勤管理部承担监管职责。目前，小浪底水利枢纽管理区后勤合同监管到位，专业队伍相对稳定，各项工作有序进行。

（三）制度建设

管理体制改革后，根据开发公司的要求，结合小浪底水利枢纽后勤工作实际，进一步修订完善了各项管理制度，形成了开发公司后勤管理制度、后勤管理部管理制度、各科室管理制度三级后勤管理制度体系。

（四）后勤管理工作开展情况

1. 房产管理

房产管理范围包括枢纽管理区桥沟生活区东区、桥沟生活区西区、东山教学实习基地、枢纽维修中心四个区域共计 81 栋职工宿舍和 7 栋办公用房。后勤管理部负责日常管理和维护、维修。

为改善职（员）工办公生活条件，2011 年至今，开发公司逐步对区内房屋设施进行维修改造，现已完成东山教学实习基地 1 ~ 5 号东山公寓楼、岩芯库、餐厅和淋浴房，枢纽维修中心生活区 1 ~ 5 号员工宿舍楼、食堂及淋浴房，桥沟生活区西一区小浪底工程科研基地、小浪底工程教育基地 1 号院、小浪底工程教育基地 2 号院房屋改造，共计改造宿舍1 228套，面积 70 665 m^2，改造后的职工宿舍户型实用，设施齐全，实行公寓化管理，职工住宿条件得到较大改善。桥沟生活区东区 1 ~ 4 号公寓楼，1994 年投入使用，实用面积小、设施老旧，不能满足现实需要，目前正在分批改造。

2. 物业管理

小浪底枢纽管理区物业管理工作范围包括：小浪底水利枢纽办公生活区、工程管理区、旅游管理区、武警营地 4 个区域，建筑面积 191 341 m^2，绿化面积 127 450 m^2。负责管理区域内卫生保洁、垃圾清运，办公区绿化养护、桥沟河橡皮坝、消防设施运行管理及维护，防汛、消防、极端天气的应急保障。

后勤管理部推行物业服务标准化管理，管理区域内卫生保洁、垃圾清运、绿化养护等工作按要求开展，及时高效，营造了一个干净整洁的办公、生活环境；消防设施、电梯运行24小时值守、特种设备专业机构定期维保，消防器材、设施定期检查，记录完整，实现了多年安全运行。

3. 水、电、暖管理

水、电、暖管理区域包括小浪底水利枢纽管理区办公区、工程管理区、旅游管理区、武警营地4个区域。负责辖区供水、供电支线管理、优质水设备和其他基础设施日常运行维护服务管理、橡皮坝辅助设施的运行维护、旅游管理区房屋维修维护、供热制冷设备设施的日常运行及维护服务等。

水电支线系统1994～1996年陆续投入使用，经过多年运行使用，部分水电设备设施老化，室外供水管网老化标识不清，维修维护难度较大；桥沟生活区采暖制冷主体设备经过煤改电改造，2010年投入使用，实现了环保节能，目前设备状态良好；优质水设备2013年投入使用，桥沟生活区西区实现纯净水直供。目前水电暖设施设备实行挂牌管理，技术档案完善，责任明确、职责清晰；定期巡检，及时监控，及时处理“跑、冒、滴、漏”现象，克服旧管道压力限制，根据压力标准调整水压，桥沟生活区生活用水24小时直供直达无间断供应，供暖制冷足量及时。

4. 职工食堂管理

后勤管理部管理职工食堂6个，其中桥沟东区食堂、教育基地2号院食堂、回民餐厅主要为职工供餐，日就餐约990人次；东山食堂、枢纽维修中心食堂和西霞院食堂主要为辅助类经济合同用工供餐，日就餐约800人次。

职工食堂委托专业餐饮管理公司管理，2013年8月完成职工食堂设备设施改造，职工就餐条件得到明显改善；采用自助餐供餐方式，通过源头控制，过程监管，大幅度提高了供餐质量，确保了职工食品安全；开设外卖窗口满足了职工不同的就餐需求；定期开展餐饮质量问卷调查，采集职工意见，根据季节变化及时调整菜品种类，餐饮供应及服务质量稳中有升，职工满意度较高。

5. 生态保护

生态保护是开发公司新赋予后勤管理部的职能，工作范围包括：小浪底及西霞院水利枢纽管理区可利用水域及土地的总体规划、开发利用、生物多样性研究、植物适应性科学实验，保护和改善生态环境，开展绿色种植、生态养殖、观光农业、绿化苗木培育等工作。

2014 年 3 月至今，小浪底及西霞院水利枢纽管理区生态保护基础性工作基本完成。制定了生态保护管理办法，配备了生产基础设备；实行专业化管理，完成了水质土壤科学分析和园区整体规划；开发利用翠绿湖生态保护区水面约 1 000 亩，坝后保护区水域约 217 亩，投放了鱼苗鸭苗，开展了蔬菜种植、禽类养殖；及时供给食堂和职工果蔬、玉米、小麦、鱼、禽蛋等生态产品，使每个职工享受到生态保护成果。

6. 职工活动中心运行管理

职工活动中心主要设施包括：一楼大厅迎宾接待、收银管理；二楼游泳场馆、更衣淋浴区（含更衣区、桑拿间、洗浴间、淋浴区等）；二楼夹层更衣房；三楼夹层活动室；四楼运动场馆；室内外网球场。

职工活动中心 2010 年投入使用，为黄河水利水电开发总公司内部职工的活动场所，主要满足职工的日常活动需要及公共区域辅助运行管理。所辖活动场所年均接待职工 5 500 人次；多次承办了开发公司游泳比赛、网球比赛、乒乓球比赛等赛事。

7. 公务用车管理

后勤管理部现有工作用车 9 台，工具车及特种车辆 11 台，主要用于机要通信、应急、抢险、水政执法、库区巡查等工作用车。公务用车实行用车审批制度，特种车辆用车相对固定，现有车辆基本满足需求，每年安全行驶650 000 km。

8. 医疗卫生管理

后勤管理部承担职工在小浪底水利枢纽管理区的基本医疗保健、初级急救、职工体检工作，负责小浪底和西霞院水利枢纽管理区传染病防控和病媒生物防制。基本医疗年均门诊病例450人次，输液治疗100人次，满足职工基本医疗需求；医疗保障依托周边医疗网络，与洛阳市内多家大型医院建立了转诊通道；职工体检年均870人次，初步建立了职工健康档案；病媒生物防制委托专业机构进行枢纽管理区责任区内蚊蝇鼠防控作业、第三方专业机构评定、加强现场督察。通过运用新技术新方法防止疾病传播，改善了工作生活环境。

9. 洛阳基地的管理

洛阳基地包括基地办公区和职工住宅区。根据小浪底管理中心后勤服务管理实施意见，洛阳基地办公区与其他区域物业管理单独核算、分开管理，住宅区实行后勤服务社会化管理，委托社会专业公司实施，按照当地一级物业管理标准提供服务和收费。

2013年底完成洛阳基地相关供水、供电、供暖设施的改造，并对办公区和职工住宅区、和顺园小区、洛阳小浪底宾馆的物业进行了切割，2014年1月1日起，实行后勤服务社会化管理。

（五）后勤管理工作的特点

（1）“点多面广”，服务范围大。后勤管理涉及小浪底水利枢纽管理区和西霞院工程管理区内多个区域。

（2）“任务繁杂”，服务项目多。涉及水、电、冷、暖、餐饮、保洁、绿化、房产、车辆、会议服务、消防、安全及临时性保障任务等各个方面。

（3）“队伍庞大”，管理难度大。包含6个辅助类经济合同单位约400余名辅助类经济合同用工，人员素质参差不齐，队伍流动性大。

（4）“服务无小事”，出差错易、出成绩难。后勤管理的各项工作与企业生产、职工生活息息相关，任何一个环节出错都会造成较大影响。

（5）“专业多样性”，涉及专业多、技术性强。在后勤管理工作专业多、技术性强，每个职工涉及一种或几种专业。

三、后勤管理面临的形势和问题

后勤管理工作总体运行平稳，但新的管理体制对后勤管理工作提出了更高的目标要求。对标国际、国内先进后勤管理和小浪底管理中心“六个一流”目标要求，我们在后勤管理的“信息化、规范化、标准化”方面还存在差距。

（1）思想观念方面。部分职工对现代化后勤、一流后勤概念不清，缺乏与建设世界一流企业相适应的后勤管理理念；对后勤社会化改革的挑战和机遇缺乏清醒认识，眼界不开阔。

（2）队伍建设方面。后勤管理部职工整体年龄结构偏大，知识结构不合理，不具备市场经济条件下现代企业运行管理的知识、经验和技能；缺乏物业后勤管理专业人才，需要充实专业人员并加大岗位培训力度。

（3）后勤管理方面。运行管理仍主要沿用传统模式，缺乏信息化管理手段，服务平台建设滞后，仍然局限于人工接听电话、手工记录等传统手段，后勤服务信息化水平不能适应现代管理要求，距“六个一流”标准要求差距较大。

（4）基础设施设备方面。部分设施老化，供水、供热、供电地埋管网经过多年运行，标识不齐全，无法准确诊断，经常发生地下管线被损坏情况等；供水、供电、供暖制冷、环卫等系统可视化管理、集中监控、巡视管理设备投入不足，整体自动化程度不高，目前除了部分设备实现综合自动化，多数设施、设备均未实现自动化和远程监视、监控。

（5）后勤服务社会化程度不高，专业化管理水平有待进一步提高。经济合同单位高水平服务管理人员投入较少、培训不足，人员管理不规范，人员构成复杂，部分人员责任心不强；局限于传统物业管理服务模式的粗放型运营和劳动密集型组织。

四、后勤管理发展趋势

随着国有企业改革的深入，企业后勤管理正逐步实现运行体制由计划向市场转轨，工作的重心由管理向服务转移，职能的定位由包办向监管转变，经营的方式由垄断向竞争转型，参与的主体由一元向多元转化。

（一）后勤社会化发展趋势

简言之，就是企业单位通过服务外包，将属于自己职能范围的各类内部服务交给社会专业机构去做。企业后勤改革的方向是：实施经营市场化，促进机制创新。对内进行有偿服务，对外进行经营创收的发展方式，千方百计降低成本，实现服务与经营并举，管理与效益齐升，逐步实现从后勤服务向物业管理服务的有效转型。这种趋势呈现两种类型：一是大型国有企业组建专业物业企业，自营自管。例如首都国际机场物业公司、山东兖矿物业集团公司等超大型物业企业。二是引进物业管理服务专业公司，服务外包。通过引进市场的专业性服务和最新科技手段，从而达到提高效率、降低成本，改善服务水平、提升服务质量，预防企业职工人数的盲目扩张的目的。

（二）智慧后勤发展方向

以人为本、科技先行是后勤保障体系的基本思路及重要手段。传统的单纯以人管人、以制度管人的后勤管理方式已不能适应企业发展的需求，必须以新的理念、新的手段来加以拓展。

（1）智能服务。以上海为例，智能服务大约经历了三个阶段：第一阶段，从 20 世纪 80 年代开始，它经历了光电卡、IC 卡的发展过程，并逐步发展到一卡通；第二阶段，从单纯的服务发展到服务和管理相结合，以插卡用电、用水等新技术的运用，把服务过程融入了管理之中；第三阶段，以建立综合服务信息平台为主要特征，通过综合服务信息平台的建设，把单项服务整合到后勤系统的综合服务。

（2）智能管理。在智能管理方面，上海不少高校通过建立智能化服务的后台管理，使整个管理水平明显提高。比如上海高校后勤服务中心开发了上海高校食堂管理软件，对采购渠道、索证管理、保质期优先，都进行了权利设置，并同时可以生成 54 张管理报表，为后勤各层次管理提供原始数据和决策数据。

（3）智能监控。智能监控分为三大类型：一是服务管理的流程监控；二是服务管理的质量监控；三是服务管理的安全监控。在流程监控中利用现代管理技术，对食堂、公寓的服务和生产流程通过信息采集、服务管理过程关节点监控，确保过程的科学性和合理性。

（三）云物业服务

信息技术是传统物业服务向现代物业服务转型的突破口。2009 年，长城物业提出了“云物业服务”的发展理论——3G 理论：通过 CRM 系统、PMS 系统和呼叫中心三大 IT 系统，长城物业将服务全部置于 IT 系统中，简化、优化了各项服务流程，并让信息化在物业服务过程中得到了体现。

五、下一步工作思路

（一）工作思路

以人为本、服务职工、服务企业、服务枢纽管理大局；秉承务实高效敢于担当的工作作风，以“六个一流”为目标，提升后勤管理水平，为开发公司事业发展提供稳定可靠的后勤保障；引入“智慧后勤”理念，借力科技革新传统服务模式，以“信息化、规范化、标准化”管理为发展方向，深入研究后勤服务社会化、专业化工作特点，逐步推进智慧生活区建设，按照“医要细心、食要放心、住要舒心、行要安心”的要求，全面做好后勤服务工作。

（二）强化管理基础，提高后勤管理水平

（1）加强安全工作标准化建设，筑牢安全基础。建立完善饮用水系统、食品供应、交通、防火、防盗、防汛、管网设施设备运行、施工等安全管理制度及工作标准，完善风险防控体系和应急管理机制，夯实安全基础。扎实开展安全隐患排查治理和安全巡查，落实设备设施挂牌制度，确保安全生产。

（2）加强人员培训，提升现代后勤意识。制订计划，有目的地分批分期到先进地区先进物业单位参观学习，开阔后勤管理人员眼界、提高现代后勤意识；开展后勤“六个一流”讨论，培养现代服务理念；开展“智慧后勤”知识技能学习培训，提升后勤队伍业务素质。

（3）对标先进行业，提升后勤管理水平。对照行业内标杆的指标体系，借鉴先进管理方法、服务措施、手段和实践经验，结合自身情况进行分析、研究、对比，全面查找自身差距，剖析根源，确立对标赶超的措施。

（4）完善考核指标体系，加强合同监管。分析、总结对辅助经济合同实施单位的工作考核，不断修订完善考核指标体系，使考核指标切实可行，考核结果能够真正起到激励作用；加强沟通、协调，督促和帮助辅助类经济合同单位学习业内先进，稳定队伍、加强管理，不断提升整体队伍技术水平和工作质量。

（三）以“智慧后勤”为发展方向，统一设计、分步实施，逐步提升后勤服务信息化水平

（1）制订“智慧后勤”发展规划。在《小浪底信息化发展规划（2015～2019年）》框架下，对枢纽管理区后勤服务深入调研，提出发展目标、建设方案、规划重点、规划线路图；邀请专业机构制订基础网络系统、应用系统、信息安全保障系统和信息化管理总体规划。

（2）摸清家底，逐步更新落后设备设施。摸清供水管路、地理供热、供电线路等基础设施基本情况，明确标示，完善档案；以智能化为标准，逐步更新改造供水、供电、供暖制冷、环卫、房产管理等后勤设备，逐步减少人工操作的落后模式，逐步提高后勤管理信息化水平，实现智能化管理。

（3）进行后勤服务信息化改造，建立智能服务平台。开发功能完备、适应后勤管理需要的管理系统，提高各项后勤管理的信息化、自动化和智能化水平；通过信息技术，简化、优化各项服务流程，实现服务过程的智能化、可视化，减少工作人员的劳动强度，降低人在后勤管理流程中的参与度，实现减员增效。

（四）科学规划，打造“生态小浪底”

推进“生态小浪底”建设，奠定小浪底—翠绿湖—西霞院生态保护区基本布局。按照“区域与整体相统一、生态保护与景观建设相统一”的原则，落实“生态小浪底”三年规划；充分利用科学的生态保护技术，实施科学管理；充分利用小浪底生态园区的自然和文化潜力，为职工提供健康和多样化的生态环境。

安全保卫管理

ANQUAN BAOWEI GUANLI

金树庆

一、小浪底水利枢纽和西霞院反调节水库管理区安全保卫管理工作基本情况

（一）安保管理工作内容

小浪底水利枢纽和西霞院反调节水库管理区安保管理工作内容是：负责开发公司安全保卫管理工作；保障区域内的人员、建筑物、设备、设施、物品安全；负责与守卫武警进行工作联系和协调；负责公共区域的安全保卫和公共通道的管理（包括办理通行证件，人员、车辆、物资出入的验证、检查和放行）；负责生产、生活、经营、旅游秩序正常开展，协调做好重要接待工作；协助公安机关维护社会治安、侦办刑事案件。

（二）小浪底水利枢纽管理区及西霞院反调节水库管理区安保执勤管理范围

小浪底水利枢纽和西霞院反调节水库管理区安保执勤管理范围面积约为 30 km^2。根据安保工作需要，我们在不同区域分别设置了值班执勤哨位，具体设置如下。

1. 小浪底水利枢纽管理区

（1）外围安保设有官庄、连地、河清等 3 个通道管理大门；

（2）生产维护区域设有维修中心管理门、库区管理中心门岗、

进水塔桥、西沟电站大门、翠绿湖生态保护区大门、留庄转运站门岗等 18 个门卫值班哨位；

（3）办公生活区设有桥沟办公生活区大门、爱国主义教育基地及科研基地大门、维修中心生活区大门等 10 个执勤哨位；

（4）旅游景区设有坝后保护区各管理门、水文观测桥、爱国主义教育展示厅等 12 个安保执勤岗；

（5）生产核心区域设有小浪底工程主坝南坝头、小浪底主坝北坝头、开关站管理门、地下厂房值班室等 7 个执勤哨位。

2. 西霞院反调节水库管理区

（1）公共区域设有西霞院反调节水库管理区管理大门、办公楼、北岸检修码、水系区域等 17 个安保执勤哨位；

（2）生产核心区域设有主坝南、北坝头值班室、发电厂房区域大门值班室 3 个核心区域执勤哨位。

3. 主要设有常白班巡逻和 24 小时巡逻两种巡逻机制

（1）生产区域巡逻主要设有南、北岸道路、围栏护栏巡逻、黄河桥、桥沟桥等区域常白班巡逻、坝后保护区、翠绿湖生态保护区鱼塘周围、西沟电站 24 小时巡逻；

（2）办公生活区巡逻设有桥沟办公生活区、爱国主义教育基地及科研基地、东山基地、维修中心生活区等区域 24 小时巡逻。

（三）安保管理工作的特点

（1）安保区域点多线长面广，对小浪底水利枢纽和西霞院反调节水库管理区实现全覆盖。

（2）安保服务区域社情复杂，内有地方基层政府部门、企事业单位团体、居民群众以及前来观光的游客。

（3）安保服务力量多元化，不仅有保安、武警，还有小浪底公安局的参与和指导。

（4）安保任务多样化，有日常执勤看护、秩序维护、交通管控，还有处突、抢险、救援、反恐以及临时勤务等任务。

（5）安保岗位执勤工作具有单一性和连续性。

二、安保管理现状

（一）人员现状

保卫部下设综合科、保卫一科、保卫二科和监控科 4 个科室，23 名职工；协调管理武警三大队的 2 个中队 200 余名武警执勤战士；管理着辅助服务类经济合同 3 个安保项目部的 8 支保安大队 400 余名安保人员。

（二）管理模式

切实贯彻“安全第一、预防为主”的工作方针，始终坚持“群防群治”和“人防、技防、物防相结合”的工作原则，深化实施公安、保卫、武警“三位一体”的安保管理模式，强化落实全天三班倒的执勤工作方式。

（三）管理机制

（1）依据辅助服务类安保经济合同条款，投标书，投标承诺，小浪底水利枢纽守卫运行管理方案等对安保队伍及驻守武警进行管理和协调，积极配合小浪底公安局的工作。

（2）保卫部人员分工明确，责任到人，每季度对各自负责区域进行一次调整，经常深入到自己负责的区域进行监督、检查、指导工作。

（3）保卫部每月组织召开由武警和安保项目部负责人参加的安保工作例会，总结上月安保工作完成情况，指出工作中存在的不足，安排本月及近期工作任务。

（4）保卫部每周安排两名职工进行夜间查岗，督察夜间执勤情况。

（5）保卫部每月组织人员和安保项目部负责人参加的联合大检查，对执勤形象、安全用电、执勤设施、内务卫生、饭菜质量、物品摆放和人员数量等进行全面检查。

（6）保卫部每月组织有关人员，根据合同和考勤考核办法，对辅助类经济合同单位进行公平、客观、实际的考核，依据考核情况据实结算。

三、安保管理工作面临的主要问题

在新的管理体制下，对安保管理工作提出了更高的目标要求。在安保管理的制度化、标准化、规范化以及安保执勤质量、人员信息化管理水平等方面还存在欠缺。结合目前保卫部管理的实际状况，主要存在以下几个方面的问题。

（一）安保队伍不够稳定

安保队伍的管理需要更加科学规范，安保队伍人员组成比较复杂，文化程度较低，工作单调，技术含量不高，工作待遇低，执勤时间长，造成安保队员流动性大，给安保队伍管理工作带来了很大困难。

（二）执勤方式有待提高

目前枢纽管理区的安保工作基本遵循常规的固定执勤和巡逻执勤相结合的执勤方式，安保队伍管理手段不够先进，安保管理的标准化、规范化还有待进一步完善。

（三）执勤设备设施需要更换

执勤设备设施严重老化，官庄、连地管理大门道闸从 2007 年建成到现在没有进行过大修和更换，道闸经常出现故障，由此经常引发矛盾，给安全带来隐患，给执勤带来困难。值班室空调电暖器使用时间较长，都在 9 年以上，老化严重，经常维修还不能保证正常使用。个别值班室长期未能安装内部电话，给工作联系和通知车辆放行等带来较大困难。

四、安全保卫工作发展设想

（一）做好建章立制，提高执行力

随着我单位体制的进一步改革，安保管理工作的一些管理制度也需要进一步的完善和补充，做好制度建设，提高执行力，推动安保管理工作健康发展。

（二）认真分析当前安保工作面临的形势，牢牢把握安全稳定工作主动权

当前安全稳定工作面临诸多风险和挑战，恐怖事件、恶性事件时有发生，形势十分严峻，安全稳定工作一刻都不能放松，安全稳定是硬任务，是第一责任。我们宁可把可能发生的问题考虑得多一些，把可能出现的困难估计的严重一些，把可能面对的风险想的复杂一些，而不可麻痹松懈、盲目乐观，要切实增强忧患意识，自觉做到居安思危、未雨绸缪，忧而有备、忧而不怠。牢牢把握安全稳定工作主动权，提高预防和分析研判能力；要本着“宁可备而不用，不可用时无备”的原则，建立完善应急机制和各种突发事件预案；认真落实形势分析和风险评估，切实弄清楚区域内的人员、车辆等情况，有针对性地采取防范措施，加强针对性训练演练，确保遭遇突发事件时能够迅速行动、及时完成处置任务。

（三）充分发挥“三位一体”的联动机制，确保小浪底水利枢纽和西霞院水库管理区和谐平安

充分发挥公安、保卫、武警“三位一体”的治安防范联动机制，各部门间相互配合，认真落实“打防结合，应急处置”的工作方针，整合小浪底安保方面的现有资源，建立多层次、全方位、多角度的立体安保预防与处置机制，最终实现“快速响应、协同应对”的工作目标。确保小浪底水利枢纽和西霞院反调节水库管理区平安和谐。

（四）改善执勤设施设备，提高执勤质量

为了进一步提高执勤质量，更好地服务生产生活和旅游秩序的正常开展，各通道管理大门执勤设施设备急需更换道闸和添加伸缩门；在小浪底水利枢纽管理区生活区、小浪底工程坝后保护区以及西霞院左右岸保护区内需设值班室或值班岗亭；原有的值班室空调和取暖设备需维修或更换。购置部分反恐器材，以改善执勤环境，提升执勤质量和执勤效果。

（五）优化安保管理方式，提高安保执勤力度

坚持以人为本，不断加强队伍管理的系统化和制度化建设，谋求队伍管理的新方法，在队伍管理的措施上、方法上不断创新思路，从而使队伍管理水平得到了全面提高。

（1）认真落实岗位职责，实行分层负责管理的方法。分工明确，任务到人，使安保管理工作横到边，竖到底，不留任何死角。每个人要坚持做到想事、谋事、干事的良好风尚，广大干部职工形成心往一处想，劲往一处使，形成抓安保、谋发展、树形象的管理理念。

（2）实行制度化管理。为实现"从人管人向制度管人，从制度管人向自我约束"的全方位转变，重新修订各项管理制度；坚持把保卫部的宏观管理与各科室的微观管理结合起来，把领导表率与一线人员结合起来，把纪律约束与激励奖励结合起来；坚持决策与实施并重，教育与检查并重，引导和处理并重的原则，着重强调落实公司决议和制度的执行，从而促进科学化、规范化、制度化管理，形成有利于做好安保工作的良好氛围。

（3）实行沟通化管理。要求全体干部职工经常主动走出办公室，深入到基层岗点和安保执勤工作一线，充分了解安保执勤工作中的实际情况，努力做好检查指导谈心工作。

以上是我对小浪底水利枢纽和西霞院反调节水库管理区安保管理工作的一些肤浅的认识和思考，可能存在一些不合理、不恰当的地方，真诚欢迎各位领导和同事多提宝贵意见和良好建议，以实现共同提高，共同进步，创建和谐平安管理区的目标。

退休职工管理

TUIXIU ZHIGONG GUANLI

李新智

退休职工管理是黄河水利水电开发总公司（简称开发公司）实现“六个一流”目标的重要组成部分。

一、退休职工管理概述

退休职工管理工作（以下简称退管工作）属于离退休干部工作范畴。开发公司退休职工中没有离休干部，全部是退休职工。也有将退休职工称作老干部的，但实际上老干部一般专指离休干部。退休职工是指企业按照职工法定年龄办理了退休手续，不再属于企业编制的退休人员。职工从工作岗位退休后，由单位人转变为社会人，也有学者称为特殊群体。有些企事业单位的退休人员没有纳入社区社会化管理，依然由原单位负责管理，开发公司的退休人员就是属于这种情况。

2004 年 5 月，原小浪底建管局组建退休职工管理处，2012 年体制改革后，开发公司按照机构建制成立了退休职工退管部，配备了专职工作人员，负责退休职工管理服务工作。开发公司承担了原小浪底建管局所有退休人员日常管理服务工作，现有退休职工 205 人，退休职工占开发公司在职人数的 50% 以上，70 岁以上的老同志占退休职工总数的 35%，呈现高龄期趋势。

退休职工管理工作是开发公司总体工作中的重要组成部分，如何在社会转型发展时期，处理好退休职工利益与企业改革发展的关系，落实好退休职工有关政策待遇，是对企业工作的一项考量，也是展示企业社会形象的窗口。退休职工管理工作虽然不是企业的核心业务，但却影响企业核心竞争力的形成。小浪底管理中心和开发公司在管好民生工程、造福社会的同时，着力构建退休职工管理工作良好格局，为退休职工创造了良好的生活条件。按照“六个一流”工作目标，对退休职工管理工作的标准更高，要求更严，要采取更加有力的措施，推动退休职工管理工作取得新成效。

二、退休职工管理工作的主要任务

2014 年 11 月 26 日，习近平在全国老干部工作先进集体和先进工作者表彰大会上指出：要广泛宣传老同志的先进事迹，在全社会广泛形成尊重老同志、爱护老同志、学习老同志的良好社会氛围。要发挥老同志的政治优势、经验优势、威望优势，组织引导老同志讲好中国故事、弘扬中国精神、传播中国好声音，推动全党全社会更好培育和践行社会主义核心价值观。要切实解决好老同志的实际困难，让老同志安享幸福晚年。习近平总书记关于老干部工作的重要讲话，为我们指明了方向。

退休职工管理工作是一项综合性较强的工作，从称谓上就有退休职工、退休人员，离休干部、退休干部、老干部、老同志以及老年人等不同的区分，意味着退休工作政策是有针对性的，退休待遇也是有一定区别的。但无论怎么区分，从党和国家退休政策制度上，其政策保障、工作部署、相关要求都很明确，对离退休干部管理服务，遵循“老有所养、老有所医、老有所教、老有所学、老有所乐、老有所为”的工作方针。

退休职工管理工作是企业的一项组织管理行为，具有系统性和社会性，既与企业发展相关联，也与老龄事业相联系。应对社会老龄化，探索社会化养老方式，已成为全社会关心的问题。退休职工社会化管理，不是简单的推向社会，不是无所作为的等待某一天的到来，而是要靠各方努力，解放思想，勇于开拓，求真务实，创造条件，加快实现退休职工的社会化管理进程。

退休职工管理工作的主要任务是贯彻执行党和国家的退休工作政策，落实退休职工的政治待遇和生活待遇，依法维护和保障退休职工权益，改善和提高退休职工的生活质量；适应新形势新任务要求，加快退休职工管理工作转型发展，探索“文化养老”新方式，组织退休职工开展学习和开展各项有益活动；发扬优良传统，积极参与社会主义和谐社会建设和社会主义核心价值体系建设，助力企业和社会的健康和谐发展。

三、退休职工管理工作的主要特点

（一）退休职工需要继续得到企业与社会的关注及精神慰籍

我国已进入老龄化社会，退休人员数量不断增多，队伍结构发生了很大变化。尤其是对于年事增高的老同志，面临行动不便、看病就医不便、日常生活需要照料等许多实际问题。要在老年人心理、政策咨询、权益保障、防病抗衰等方面，解决好他们在生活中遇到的问题和困难，使他们延年益寿，颐养天年。

（二）退休职工是企业的宝贵财富

退休职工是企业各项事业的开拓者，他们从祖国四面八方云集到一起，为小浪底工程建设管理和枢纽运行做出了重要贡献。他们的工作风格、精神品质、经验才干都是企业的宝贵财富。

尊重老同志，就是要将他们视为亲人，从内心里沟通，从感情上贴近，关心他们的冷暖，为他们解难事，办实事。尊重历史，就是要承前启后，继往开来，为他们谋福祉。让老龄变乐龄，让老同志有尊严的生活，常扬敬老之德，能进一步凝聚全体职工的精神，不断催生为企业做贡献的动力。

（三）退休职工管理工作政策性强，需要多方服务协调。

党和国家“六个老有”方针是退休职工管理工作的行动指南。

除了历史沿革的退休工作政策规定，还有新出台的相互配套的退休工作政策和法规，需要深入学习研究，得出明确的认识。只有准确理解政策，才能把握好政策，退休职工管理工作哪些该管，哪些能管，管到什么程度都要研究清楚，将政策落实到位。

退休职工管理工作不仅要满足企业内在要求，也要适应社会要求。眼睛向内，是要解决好退休职工基本待遇和管理服务问题；眼睛向外，是要看到突飞猛进的社会变化，从思想观念和管理服务上紧跟时代发展。内外结合，融入社会，退休职工管理方式就更多，退休职工管理路径就更宽，从而更好地满足退休职工的需要。

四、退休职工管理工作情况的回顾

小浪底管理中心和开发公司领导班子始终不忘做出过贡献的退休职工，既统筹思考工作，又注重抓好细节落实。一是保持政策的连续性，着眼于退休职工利益与体制改革关系，着力解决事关退休职工关心的重大问题。二是从落实政策，创造条件上下功夫，营造关心老同志的氛围。三是以制度建设规范退管工作，逐步完善开发公司退休职工管理办法，提高退管工作的效能。广大退休职工对于领导班子所给予的关心表示满意，对于退管工作的各项决策部署给予理解支持。

（一）研究新政策，解决新问题

按照党的群众路线实践教育活动要求，重新梳理了企业有关退管工作制度，该废止的废止，该新立的新立，保证政策执行不走样。按照中央八项规定精神，重新梳理有关退休职工待遇方面的问题，该明确的明确，该改进的改进，和中央要求保持一致。按照退管工作转型发展，重新梳理工作思路，从退休职工生活补贴、医疗制度及医药费管理、退休（厅）局级干部健康休养、退休职工参加有关会议、组织文体活动等方面创造条件，让退休职工共享了企业改革发展成果。

（二）凝聚和谐力量，促进改革发展

退休职工与小浪底有着深厚的情结，他们既是改革发展的热心关注者，也是改革发展的热心参与者。引导老同志在服务改革发展、服务党员群众、服务社会管理等方面发挥积极作用。关注老同志的所思所想，引导老同志以健康心态、发展眼光、辩证思维看待事物。退休职工党员离岗不离党，退休不退志，尤其是在增强忧患意识、艰苦奋斗思想和勤俭节约意识方面建言献策；退休职工有的参加公益活动，有的当好家庭后勤，支持子女工作，力所能及地为企业和社会贡献余热。

（三）积极探索“文化养老”方式

因地制宜，利用资源，节俭办活动，让退休职工“走出来、动起来、学起来、乐起来”。积极筹建退休职工服务中心。管好用好现有的退休职工活动室，作好日常维护维修，更新设施设备，活动室环境优美，管理服务规范。开展了一系列文体培训活动：退休职工有的读书写作，有的钻研棋牌技艺，有的专注养生保健，有的热心舞蹈唱歌等等，增长了知识、陶冶了情操、增强了体质，培育了退休职工的文化修养。退休职工家庭和睦，生活快乐，展示了良好的精神风貌。

（四）建立完善退管工作机制

小浪底管理中心和开发公司领导班子经常强调，退休职工的事再小，也是工作中的大事，任何时候都不能忘记关心老同志，大力营造了尊老敬老氛围，弘扬了中华传统美德。在各级领导带动下，统一协调和层层落实，有效解决了退管工作中遇到的难点和主要问题。小浪底管理中心和开发公司上下形成共识，老同志想到的事要做好，老同志没想到的事也要主动想到做到，凡是涉及为退休职工服务的事项，各部门（单位）都给予优先照顾，服务热情、细致周到，充分体现了各级组织对退休职工的关怀。

（五）全心全意服务退休职工

老同志的呼声就是第一信号，就是信任和期望。退管工作人员以热心、耐心和爱心对待退休职工，与老同志心心相印，不是亲人胜似亲人。对老同志的大事小情，不怕麻烦，不嫌琐碎，不畏困难，处处留下了工作人员辛勤服务的足印。年复一年地为退休职工生活补贴、看病就医、家庭邻里、精神慰藉、药费报销、临终关怀、丧事处理等事务忙前奔后，送去关怀和温暖，用真诚和付出，让退休职工充分感受到了生活的美好。

五、关于退管工作的几点体会

小浪底管理中心和开发公司把政治上尊重，思想上关心，生活上照顾的理念融入到退休职工管理工作中，以退休职工满意为工作标准，取得了建设性成果。

（一）领导班子重视是做好退休职工管理工作的关键

小浪底管理中心和开发公司领导班子十分重视退休职工管理工作，把退休职工管理工作列入议事日程，对涉及全局性的工作统一部署和决策，为退休职工管理工作的有效开展提供了强有力的支撑。

（二）增强企业实力是做好退休职工管理工作的基础

小浪底管理中心和开发公司站位全局，坚持新时期治水方针，坚持改革发展，坚持民生工程公益效益优先，企业经营和发展实力不断增强，为落实退休职工有关政策待遇提供了坚实的保障。

（三）强化各项管理是做好退休职工管理工作的保证

小浪底管理中心和开发公司不断强化民生工程意识、安全责任意识和社会服务意识。以各项制度建设推进退休职工管理工作规范化，提升了管理服务能力，退休职工管理工作与企业改革发展目标协调共进。

六、对下一步退休职工管理工作的思考

面临新形势和新任务，退休职工管理工作要积极探索转型发展，着力解决转什么、怎么转的问题，重点是健全三项机制、加快三个

转变、增强三项保障。

（一）健全三项机制

一是健全退休职工管理工作管理服务机制。退休职工管理服务涉及方方面面，事务性较多，尤其是服务退休职工各项需求上，行动要果断，办事要快速，仅靠退管部门，人手和条件有限。通过优化人财物资源配置，明确有关退休职工管理服务事项的职责和义务，健全综合配套、快捷高效的退管工作网络，可以整体提升办事效率，能管的管好，该管的尽责，使老同志的每一件事情都能落实到位。

二是健全退休职工管理工作人员干部管理机制。保持退休职工管理工作机构和工作队伍的稳定；为退休职工管理工作干部的成长进步创造条件，能进能出，使退休职工管理工作干部队伍保持活力。按照编制，把愿意服务老同志和有一定能力的干部职工安排到退休职工管理部门，充实和加强工作人员力量；也可适当考虑人员交流，让年轻干部职工有一个在老同志工作部门的经历，学习老同志品格品质，获取经验才干，有益于青年干部的锻炼成长。

三是健全退休职工党员管理机制。加强对退休职工党支部的工作指导，每年研究一次退休职工党员管理工作，了解退休职工党员的政治愿望和思想状况；改进管理方式，完善退休职工党员日常管理制度，让每一名退休职工党员都能参加党组织活动；开展符合退休职工党员特点的各项活动，发挥退休职工党支部在推动发展、服务群众、凝聚人心、促进和谐中的作用。

（二）加快三个转变

一是管理形态的转变。积极适应退管工作转型发展，适应退休人员社会化管理趋势，探索"文化养老"新方式，创新退休职工管理方式和方法，达到管理高效，服务优良。

二是向动态管理转变。老同志的情况每年都在变化，思维方式在变，身体状况在变，各项需求在变，不能以静止的眼光看问题，老同志的事不能等，不能拖，能办的尽早办，不留下遗憾。

三是向开放管理转变。一个部门的能力有限，要广开门路，寻求各方力量，引进网络管理手段，依托专业养老服务机构，开展助老志愿服务活动等，转化为管理服务老同志的有利条件。

（三）增强三项保障

一是增强企业保障能力。建立退休职工服务中心，是关乎广大退休职工切身利益的一件大事，是老同志们多年的期盼。要全力以赴地做好退休职工服务中心的各项筹建工作，为“文化养老”“居家养老”创造条件，充分发挥各项设施的作用，开展好各项学习和文体娱乐活动，改善和提高退休职工生活质量。

二是增强社区保障能力。随着社区服务功能的逐渐改善，要积极利用社区服务条件，探讨从社区对老同志的生活照料、家政服务、医疗康复、紧急救助等方面延伸服务的可行性。

三是增强社会保障能力。研究社会化养老政策导向，积极与老龄委、民政、市政、卫生等部门沟通协商，与养老服务组织搭桥接轨，争取有关服务和优惠政策。

内心和谐夕阳美，退休职工由衷感谢大家的真诚关爱，衷心希望我们的事业兴旺发达。“老吾老以及人之老”，我们要继续把传统美德融入到今后的工作中去，用辛勤的耕耘，让老同志的人生岁月更加温馨，让生命的夕阳更加灿烂。

后 记

《创建“六个一流”的实践与思考》收集了黄河水利水电开发总公司20篇文章。根据涉及内容的不同，共分为生产、管理、服务三大类，其中生产类6篇，管理类8篇，服务类6篇。

该书的编辑出版得到了水利部小浪底水利枢纽管理中心的悉心指导和黄河水利水电开发总公司广大干部职工的大力支持，在此一并表示感谢！

由于时间有限，难免有疏漏或辞不达意之处，敬请广大读者批评指正。